瓯江流域温州段水生无脊椎动物图谱

温州市渔业技术推广站
温州大学
主编

海洋出版社

2024年·北京

图书在版编目（CIP）数据

瓯江流域温州段水生无脊椎动物图谱 / 温州市渔业技术推广站，温州大学主编 . -- 北京：海洋出版社，2024.3

ISBN 978-7-5210-1223-1

Ⅰ . ①瓯… Ⅱ . ①温… ②温… Ⅲ . ①水生动物－无脊椎动物－温州－图谱 Ⅳ . ① Q959.1-64

中国国家版本馆 CIP 数据核字（2024）第 004941 号

责任编辑：杨 明
责任印制：安 淼

海洋出版社 出版发行

http：//www. oceanpress. com. cn
北京市海淀区大慧寺路 8 号 邮编：100081
鸿博昊天科技有限公司印刷 新华书店经销
2024 年 3 月第 1 版 2024 年 3 月第 1 次印刷
开本：787mm × 1092mm 1/16 印张：12.5
字数：65 千字 定价：198.00 元
发行部：010-62100090 总编室 010-62100034

《瓯江流域温州段水生无脊椎动物图谱》
编委会

前言
FOREWORD

瓯江位于浙江省南部，干流全长 384 km，流域面积 18 100 km^2，年均径流量 202.7 亿 m^3，是浙江省第二大水系。瓯江主源龙泉溪发源于龙泉市与庆元县交界的柏山祖西北麓锅冒尖，自西向东流经丽水，称为大溪。至青田县与小溪汇合后，才称瓯江，并经温州市到温州湾流入东海。瓯江流域在温州市境内的面积约占流域总面积的 22%，包括瓯江干流、菇溪、西溪、戍浦江、楠溪江、乌牛溪、百石溪和温瑞塘河、永强塘河、柳市塘河等水系。瓯江口也是我国列长江口、黄河口、珠江口、钱塘江口之后的一大主要河口。

近年来，由于过度捕捞、环境污染、近海工程建设、工农业开发等人类活动影响的日益加剧，瓯江流域温州段的主要经济渔业资源衰退趋势明显。温州市渔业技术推广站与浙江省海洋水产研究所历时两年，完成了《瓯江流域温州段鱼类图谱》的编制，并于 2018 年由科学出版社出版。图谱共收录瓯江流域温州段鱼类90种，基本摸清了鱼类资源本底情况，对开展土著渔业资源保护具有指导和借鉴意义。但除鱼类以外的其他渔业资源（虾、蟹、底栖动物、藻类等）的家底情况依然有待摸清和补齐。2022年，温州市渔业技术推广站联合温州大学，对瓯江流域温州段无脊椎动物资源进行调查，采集标本，拍摄照片，编制本书。

本书分类体系中，海洋生物主要参考《中国海洋生物名录》（刘瑞玉，2008），淡水生物主要参考《中国动物志》，共收录瓯江流域温州段的各类无脊椎动物88种，隶属于4门5纲17目47科66属，其中环节动物门1纲3目3科3属3种，星虫动物门1纲1目1科1属1种，软体动物门2纲12目28科38属53种，节肢动物门1纲1目15科24属31种。书中系统地展示了每种动物的原色图谱，同时也简单介绍了各自的分类地位、形态特征、生态习性、分布范围以及标本采集地点，以期服务于渔业资源的保护和可持续利用。

部分物种标本的鉴定得到永嘉渔业与农机技术推广中心陈志俭推广研究员、台州学院齐鑫教授、自然资源部温州海洋中心王航俊高级工程师等专家学者的协助；同时感谢陈志俭与王航俊提供了部分物种照片。感谢温州大学杜珉逸和田宇彬两位同学参与标本采集和处理、照片拍摄等。感谢宁波大学尤仲杰研究员、王一农教授，浙江海洋科学院彭欣研究员，浙江省海洋水产研究所张亚洲高级工程师等专家对本书文稿进行审阅，并提出宝贵意见。

由于作者水平有限，书中若有错误和不妥之处，敬请专家和读者不吝指正。

目 录

CONTENTS

环节动物门

1. 中华不倒翁虫

▲ 张永普　摄

学　　名： *Sternaspis chinensis* Wu, Salazar-Vallejo *et* Xu, 2015

分类地位： 环节动物门 Annelida

多毛纲 Polychaeta

蛰龙介目 Terebellida

不倒翁虫科 Sternaspidae

不倒翁属 *Sternaspis*

形态特征： 体卵圆哑铃形，长 20 ~ 30 mm，具 20 ~ 22 体节。前 7 节能伸缩。体表复有细乳突呈丝绒状。口前叶小，乳突状。前 3 节各侧具 1 排足刺刚毛，12 ~ 14 根。生殖乳突 1 对位于第 7 节上，其后 8 节纤细的刚毛嵌于体壁上。体后腹面，具斜长方形的楯板。15 ~ 17 束毛状刚毛自楯板边缘生出，毛状刚毛细而光滑或上具细毛。鳃丝数目多、卷曲状从楯板后缘生出。

生态习性： 栖息与潮间带和潮下带泥质或泥沙质海底。

地理分布： 我国沿海。世界分布种。

标本采自： 瓯江口。

2. 长吻沙蚕

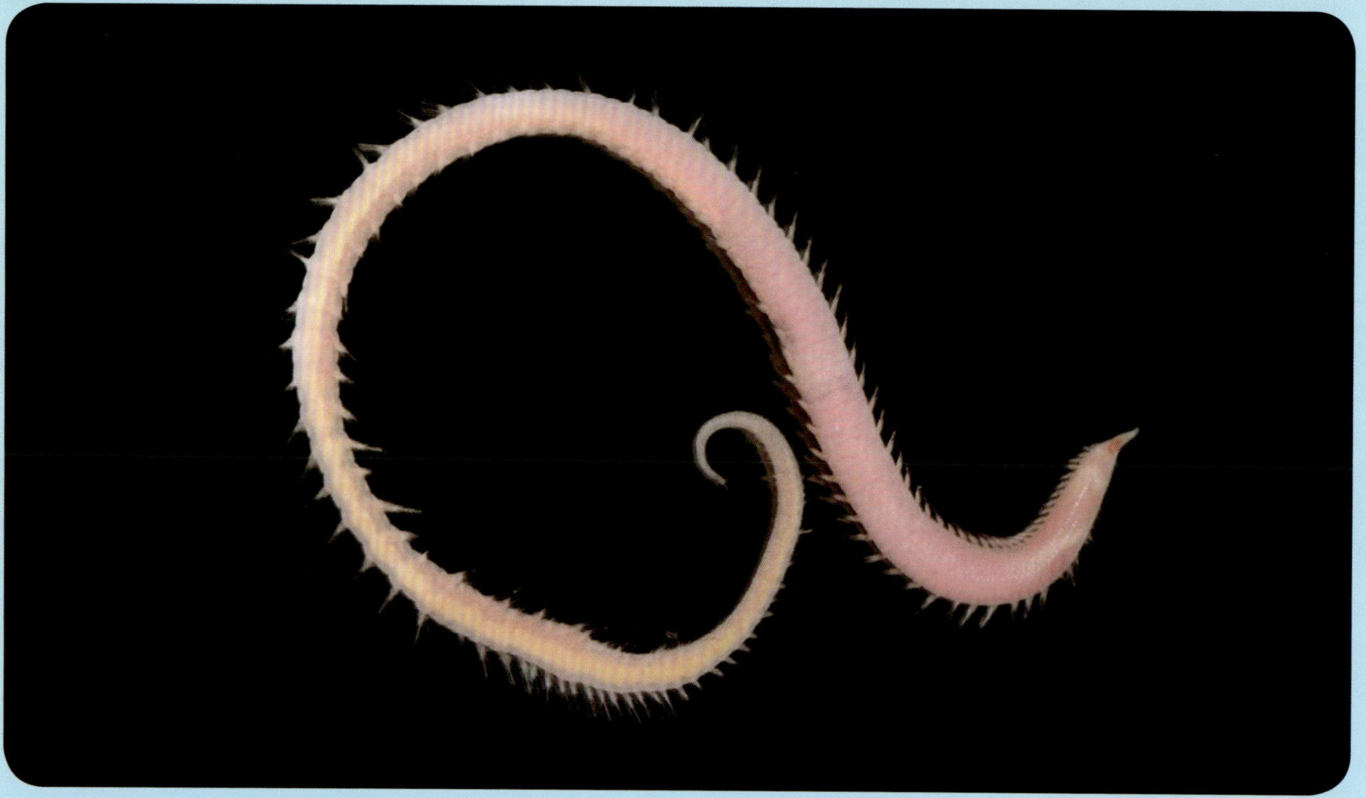

▲ 王航俊　摄

学　　名： *Glycera chirori* Izuka, 1912

分类地位： 环节动物门 Annelida

多毛纲 Polychaeta

叶须虫目 Phyllodocida

吻沙蚕科 Glyceridae

吻沙蚕属 *Glycera*

形态特征： 鲜活标本鲜红色，吻常伸缩状。标本体长 45 mm，大标本可达 350 mm 以上。口前叶短，圆锥形，末端具 4 个短而小的触手。吻长，前端具 4 个大颚。疣足具 2 个前刚叶和 2 个后刚叶。前唇等长，后唇较前唇短。疣足前唇的前壁中部具可伸缩鳃 1 个。

生态习性： 栖息于潮间带和潮下带泥沙质海底。

地理分布： 我国黄海、东海（舟山普陀山），福建平潭、厦门和广西北部湾。日本。

标本采自： 瓯江口。

3. 岩虫

▲ 王航俊　摄

学　　名：*Marphysa sanguinea* (Montagu, 1815)

分类地位：环节动物门 Annelida

多毛纲 Polychaeta

矶沙蚕目 Eunicida

矶沙蚕科 Eunicidae

岩虫属 *Marphysa*

形态特征：体条形，长约 200 ~ 400 mm，具 200 ~ 340 体节。第 1 体节无疣足或刚毛分布。除前 25 ~ 35 节与后 15 ~ 20 节外，中部体节均有鳃分布，其鳃丝鲜红色。身体前端近圆柱形，后端扁平。口前叶较宽，肛须 1 对分布于身体末端。

生态习性：栖息于潮间带泥滩或泥沙滩。

地理分布：我国沿海。

标本采自：瓯江口。

星虫动物门

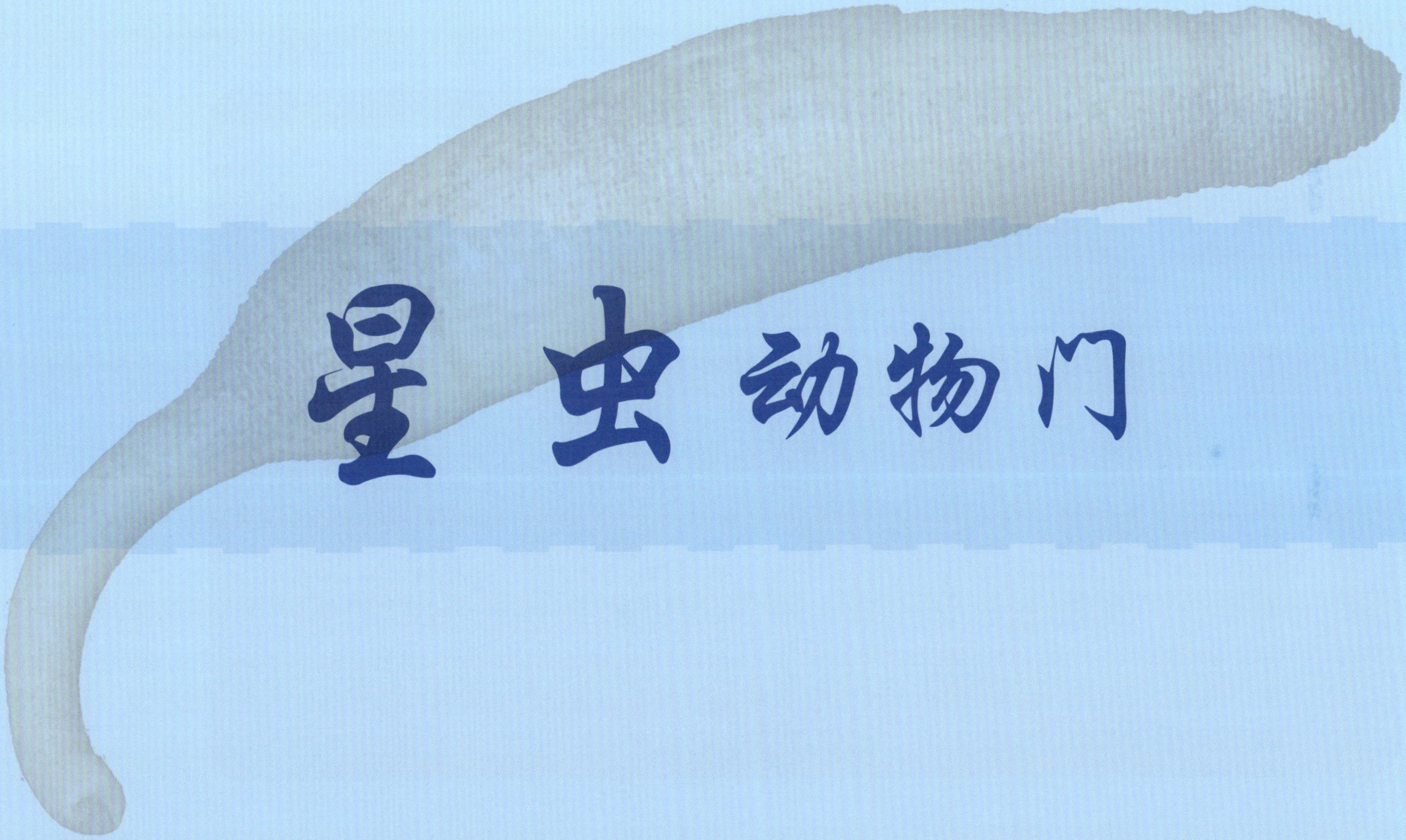

4. 弓形革囊星虫

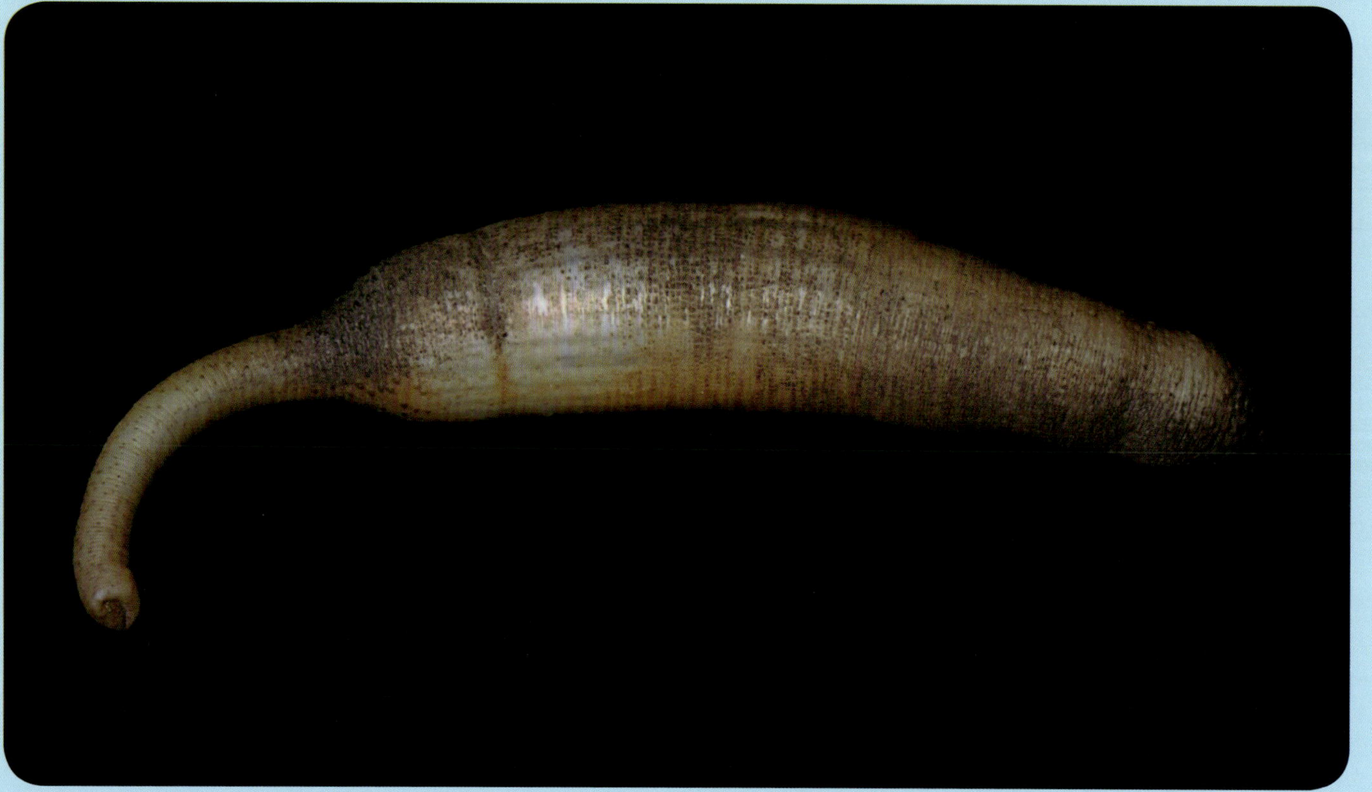

▲解　雷　摄

学　　名：*Phascolosoma arcuatum* (Gray, 1828)

分类地位：星虫动物门 Sipuncula

革囊星虫纲 Phascolosomatidea

革囊星虫目 Phascolosomatiformes

革囊星虫科 Phascolosomatidae

革囊星虫属 *Phascolosoma*

形态特征：身体长圆锥形，棕褐色，表面有许多乳突，吻基部和体末端乳突密集且色深。吻部呈细长管状。触手通常 10 个，指状，排列在口的背侧。

生态习性：栖息于潮间带高潮区和潮上带盐碱性草类丛生的泥砂中。

地理分布：我国东南沿海。印度。越南。菲律宾。马来西亚。印度尼西亚。爪哇。安达曼群岛。澳大利亚。

标本采自：瓯江口，龙湾树排沙岛，鹿城七都岛。

软体动物门

5. 齿纹蜑螺

▲解　雷　摄

学　　名：*Nerita yoldii* Récluz, 1840

分类地位：软体动物门 Mollusca

腹足纲 Gastropoda

原始腹足目 Archaeogastropoda

蜑螺科 Neritidae

蜑螺属 *Nerita*

形态特征：贝壳小型，近半球形。螺旋部小，体螺层膨大，几乎占贝壳的全部。螺层约 4 层，壳面有低平的螺肋。生长线明显。壳表白色或黄色底，具黑色或花纹或云状斑。壳口半月形，内唇外唇缘具黑白相同的镶边，内部有一列齿状突起。内唇倾斜，内缘中央凹陷部有细齿 2 ~ 3 枚。厣石灰质。

生态习性：栖息于潮间带高、中潮区的岩石区。

地理分布：我国东海、南海。印度洋。

标本采自：洞头灵霓大堤北侧。

6. 紫游螺

▲解 雷 摄

学　　名：*Neritina violacea* (Gmelin, 1791)

分类地位：软体动物门 Mollusca
腹足纲 Gastropoda
原始腹足目 Archaeogastropoda
蜑螺科 Neritidae
游螺属 *Neritina*

形态特征：贝壳小，呈半圆形，壳质坚厚。螺旋部小，向体螺层卷曲，体螺层膨圆。壳表黄褐色，有棕褐色网状花纹。生长线不明显。壳口长卵形，内面灰紫色。外唇简单，内唇扩张。厣角质。

生态习性：栖息于咸淡水的沿海水域及潮间带红树林基部。

地理分布：我国东南沿海。日本。

标本采自：永嘉三江。

7. 黑口拟滨螺

▲解 雷 摄

学　　名： *Littoraria melanostoma* Gray, 1839

分类地位： 软体动物门 Mollusca

腹足纲 Gastropoda

中腹足目 Mesogastropoda

滨螺科 Littorinidae

拟滨螺属 *Littoraria*

形态特征： 贝壳小型。螺旋部呈尖圆锥形；体螺层膨大。壳表面具有较浅而明显的螺旋沟纹，淡黄色，其上具有小的淡褐色斑点或纵走褐色花纹。壳口较大。外唇薄。

生态习性： 栖息于潮间带高潮区米草丛、红树林的树基或枝桠。

地理分布： 东南沿海。西太平洋。

标本采自： 龙湾树排沙岛。

8. 粗糙拟滨螺

▲解 雷 摄

学　　名：*Littoraria scabra* (Linnaeus, 1758)

分类地位：软体动物门 Mollusca

腹足纲 Gastropoda

中腹足目 Mesogastropoda

滨螺科 Littorinidae

拟滨螺属 *Littoraria*

形态特征：贝壳小型，呈圆锥形。壳顶稍尖，螺旋部突出，体螺层较宽大。螺层约 6 层，缝合线明显。壳面稍膨圆，有较多细沟纹。生长纹粗糙。壳表黄灰色，交织棕色色带和斑纹。壳口微膨胀，具有与壳面相同的色泽和斑纹。外唇薄，内唇略扩张。无脐，厣角质。

生态习性：栖息于潮间带高潮线附近的岩石。

地理分布：我国沿海。日本。菲律宾。新西兰。红海。

标本采自：洞头灵霓大堤北侧。

9. 光滑狭口螺

▲解 雷 摄

学　　名：*Stenothyra glabra* A. Adams, 1861

分类地位：软体动物门 Mollusca

腹足纲 Gastropoda

中腹足目 Mesogastropoda

狭口螺科 Stenothyridae

狭口螺属 *Stenothyra*

形态特征：贝壳极小，近似圆桶状。壳质较坚实，略透明。体螺层膨大，约占全部壳高的 3/4。螺层 5 层，均向外膨胀，缝合线明显。壳表淡黄色或灰白色，壳口圆形，高度约占全部壳高的 1/4。厣角质。

生态习性：栖息于河口淡水水域或咸淡水水域的沙质底、泥沙质底或淤泥质底。

地理分布：浙江省内大部分区域及河北、安徽、江苏、江西、四川、湖北、湖南、福建、台湾。西太平洋。

标本采自：永嘉沙头。

10. 短拟沼螺

▲ 杜珉逸　摄

学　　名： *Assiminea brevicula* (L. Pfeiffer, 1855)

分类地位： 软体动物门 Mollusca

腹足纲 Gastropoda

中腹足目 Mesogastropoda

拟沼螺科 Assimineidae

拟沼螺属 *Assiminea*

形态特征： 贝壳小，呈卵圆形，壳质坚厚。螺旋部矮，体螺层膨大。螺层 6 层，缝合线较浅，生长纹细密。壳表呈黄褐色，表面光滑。壳口呈梨形。

生态习性： 栖息于潮间带高潮区及中潮区泥质底。

地理分布： 东南沿海。印度 - 西太平洋。菲律宾。

标本采自： 龙湾树排沙岛滩涂。

11. 绯拟沼螺

▲ 杜珉逸　摄

学　　名： *Assiminea latericea* H. *et* A. Adams, 1863

分类地位： 软体动物门 Mollusca

腹足纲 Gastropoda

中腹足目 Mesogastropoda

拟沼螺科 Assimineidae

拟沼螺属 *Assiminea*

形态特征： 贝壳略大，呈长卵圆形，壳质坚厚。壳顶尖，体螺层膨大。螺层约 7 层，每层均向外微凸，生长纹细致。缝合线浅，平行伴有螺旋纹。壳表绯红色，带有光泽。壳口呈梨形，上尖下圆，内唇上缘紧贴体螺层。厣角质。

生态习性： 栖息于河口咸淡水区域的滩涂。

地理分布： 河北、山东、辽宁、江苏、上海、浙江及福建。日本。

标本采自： 永嘉三江，鹿城七都岛，龙湾树排沙岛滩涂。

12. 棒锥螺

▲ 解 雷 摄

学　　名：*Turritella bacillum* Kiener, 1843

分类地位：软体动物门 Mollusca

腹足纲 Gastropoda

中腹足目 Mesogastropoda

锥螺科 Turritellidae

锥螺属 *Turritella*

形态特征：贝壳高，呈尖锥状。壳顶尖，螺旋部高，体螺层短。螺层约 23 层，每层的上半部平直，下半部较膨胀。螺旋部的每一螺层有 5 ~ 7 条排列不匀的螺肋，肋间夹有细肋。生长线明显。壳表黄褐色或紫红色。壳口卵圆形，壳口内具有与壳表螺肋相同的沟纹。外唇薄，内唇稍扭曲。无脐，厣角质。

生态习性：栖息于潮间带低潮区至数十米水深的泥沙质底。

地理分布：我国东南沿海。日本。

标本采自：瓯江口。

13. 珠带拟蟹守螺

▲解 雷 摄

学　　名： *Cerithidea cingulata* (Gmelin, 1791)

分类地位： 软体动物门 Mollusca

腹足纲 Gastropoda

中腹足目 Mesogastropoda

汇螺科 Potamididae

拟蟹守螺属 *Cerithidea*

形态特征： 贝壳尖锥形。壳顶尖，螺旋部高，体螺层短，螺层约 15 层。壳顶 1 ~ 2 层光滑，其余螺层有 3 条念珠状螺肋。体螺层上约有 9 条螺肋，靠缝合线的 1 条螺肋呈念珠状，其余平滑。壳表呈黄褐色或褐色，螺肋间呈紫褐色，螺层中部有 1 条紫褐色的色带。壳口近圆形，内面具有紫褐色线纹。外唇扩张，前沟短，厣角质。

生态习性： 栖息于潮间带中、低潮区的泥滩上。

地理分布： 我国沿海。日本。

标本采自： 洞头灵霓大堤北侧。

14. 尖锥拟蟹守螺

▲ 杜珉逸　摄

学　　名：*Cerithidea largillierti* (Philippi, 1848)

分类地位：软体动物门 Mollusca

腹足纲 Gastropoda

中腹足目 Mesogastropoda

汇螺科 Potamididae

拟蟹守螺属 *Cerithidea*

形态特征：贝壳呈尖锥形，壳质结实。壳顶常被磨损。缝合线稍深。螺旋部高，体螺层短而稍宽。各螺层宽度增加均匀，壳面微显膨胀，具有明显的排列密而规则的纵肋，螺肋弱而不明显，壳底部不显膨大，约略可见许多细的螺肋。壳表黑褐色，在每一螺层具有一条棕色色带。壳口卵圆形，外唇厚，内唇略直。前沟不明显。

生态习性：栖息于潮间带中、低潮区的泥质、泥沙质底。

地理分布：我国黄、渤海至广东沿岸。日本。

标本采自：鹿城七都岛前沙村，洞头灵霓大堤北侧，龙湾树排沙岛。

15. 微黄镰玉螺

▲ 杜珉逸　摄

学　　名：*Lunatia gilva* (Philipp, 1851)

分类地位：软体动物门 Mollusca

腹足纲 Gastropoda

中腹足目 Mesogastropoda

玉螺科 Naticidae

镰玉螺属 *Lunatia*

形态特征：贝壳呈卵圆形。壳顶尖细，体螺层膨大。螺层约 7 层，生长纹细密。壳表黄褐色或灰黄色，表面光滑。壳口卵圆形，壳内面棕黄色或灰紫色。外唇薄，呈弧形，内唇靠近脐孔位置形成胼胝。脐孔深，厣角质。

生态习性：栖息于潮间带中、低潮区的沙质、泥沙质或软泥质底。

地理分布：我国广东北部以北。日本。朝鲜半岛。

标本采自：瓯江口。

16. 扁玉螺

▲ 杜珉逸　摄

学　　名：*Neverita didyma* (Röding, 1798)

分类地位：软体动物门 Mollusca

腹足纲 Gastropoda

中腹足目 Mesogastropoda

玉螺科 Naticidae

扁玉螺属 *Neverita*

形态特征：贝壳扁平，呈半球形，壳质坚厚。螺旋部低矮，体螺层膨圆。缝合线并行伴有褐色色带，生长线明显。壳表黄白交杂，顶部为褐色，表面光滑。壳口卵圆形，内唇厚，中部与脐形成胼胝。厣角质。

生态习性：栖息于潮间带至水深 50 m 的沙质海底。

地理分布：我国沿海。印度 - 西太平洋。

标本采自：瓯江口。

17. 中华圆田螺

▲解 雷 摄

学　　名：*Cipangopaludina cathayensis* (Heude, 1890)

分类地位：软体动物门 Mollusca

腹足纲 Gastropoda

中腹足目 Mesogastropoda

田螺科 Viviparidae

圆田螺属 *Cipangopaludina*

形态特征：贝壳大，呈长圆锥形，壳质薄但坚固。壳顶尖锐，螺旋部略短，体螺层膨大。螺层约 6 层，每层宽度递增迅速，缝合线明显，生长线明显。壳表黄褐色或黄绿色，表面光滑。壳口卵圆形，外唇简单，内唇肥厚，遮盖脐孔。

生态习性：栖息于淡水湖泊、河流、池塘、水库、河沟及稻田中。

地理分布：河北、河南、山东、江苏、安徽、湖北、湖南、浙江、福建、台湾、云南、广东。朝鲜。日本。

标本采自：永嘉沙头。

18. 双旋环棱螺

▲ 杜珉逸　摄

学　　名： *Bellamya dispiralis* (Heude, 1890)

分类地位： 软体动物门 Mollusca

腹足纲 Gastropoda

中腹足目 Mesogastropoda

田螺科 Viviparidae

环棱螺属 *Bellamya*

形态特征： 贝壳大，呈长圆锥形。壳质厚且坚固。壳顶尖，螺旋部较长，约占全部壳高 2/3，体螺层膨大。螺层约 7 层，每层宽度递增缓慢，略外凸，缝合线明显，生长线明显。壳表黄褐色或黄绿色，体螺层有 3 条明显螺棱。壳口呈梨形，外唇简单，内唇肥厚。脐孔深，厣角质。

生态习性： 栖息于淡水河流及湖泊中。

地理分布： 浙江省内大部分地区，河北、山东、湖北、湖南、江苏、江西及云南。

标本采自： 永嘉沙头。

19. 梨形环棱螺

▲ 杜珉逸 摄

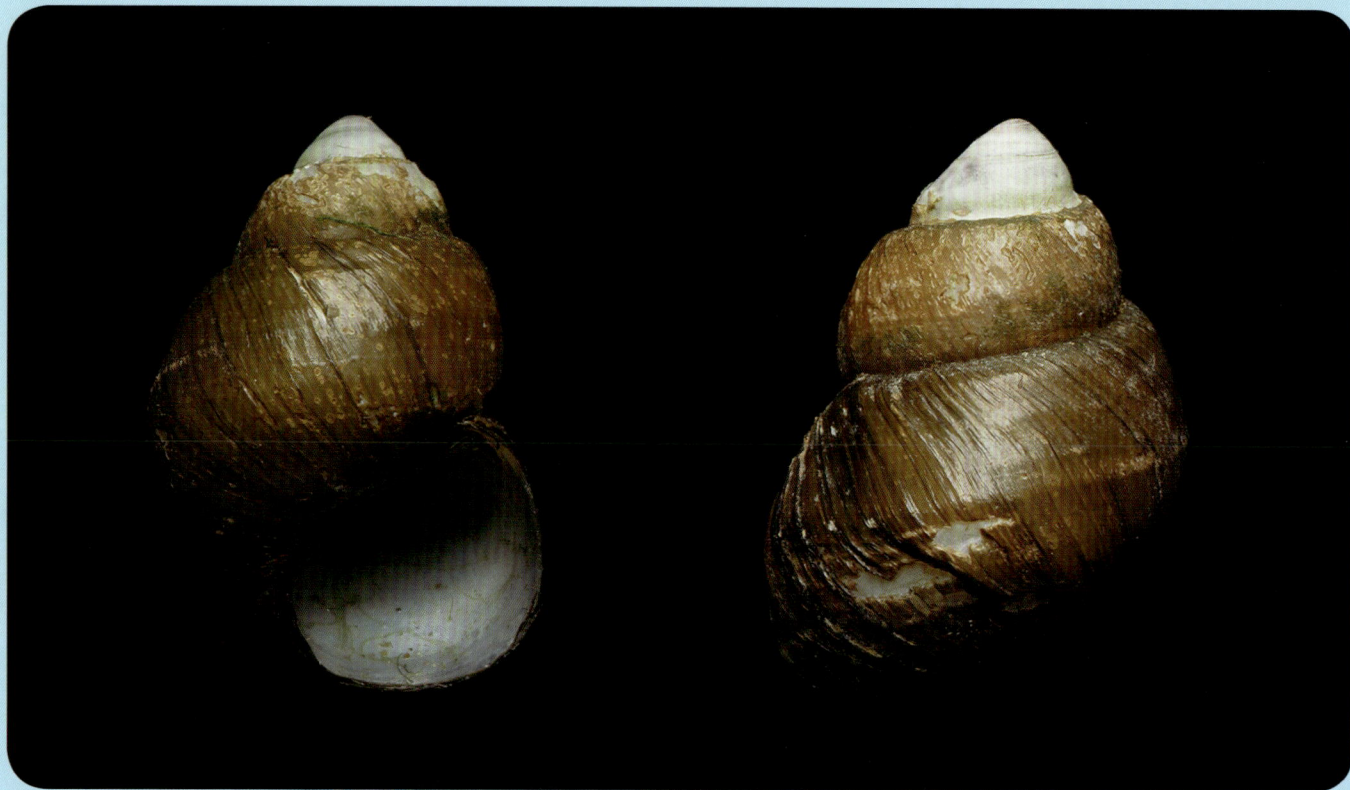

学　　名： *Bellamya purificata* (Heude, 1890)

分类地位： 软体动物门 Mollusca
腹足纲 Gastropoda
中腹足目 Mesogastropoda
田螺科 Viviparidae
环棱螺属 *Bellamya*

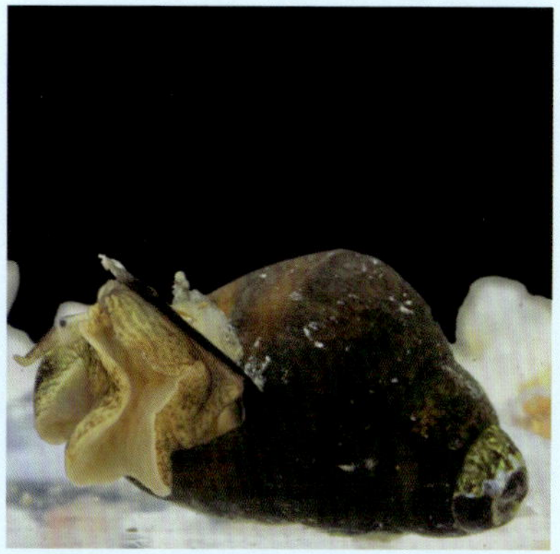

形态特征： 贝壳中等，呈梨形。壳顶尖，常被腐蚀。螺旋部呈宽圆锥形，体螺层膨大。螺层约6层，每层略外凸，体螺层螺棱明显，缝合线深。壳表黄褐色或黄绿色。壳口卵圆形，上方形成锐角，外唇薄，内唇厚。脐孔缝状。

生态习性： 栖息于淡水湖泊、池塘和河流内。

地理分布： 浙江省内大部分地区，内蒙、辽宁、河北、河南、山东、江苏、安徽、江西、湖北、湖南、云南、广东及广西。

标本采自： 永嘉沙头、岩坦。

20. 方形环棱螺

▲解 雷 摄

学　　名：*Bellamya quadrata* (Benson, 1842)

分类地位：软体动物门 Mollusca

腹足纲 Gastropoda

中腹足目 Mesogastropoda

田螺科 Viviparidae

环棱螺属 *Bellamya*

形态特征：贝壳中等，呈长圆锥形，壳质厚且坚固。壳顶尖，常被腐蚀。螺旋部高，体螺层不膨胀。螺层约 6 层，不外凸，体螺层螺棱明显，缝合线较浅，生长线明显。壳表绿褐色或黄褐色。壳口卵圆形，上方形成锐角，外唇薄。脐孔缝状，厣角质。

生态习性：栖息于湖泊、河流、沟渠及池塘内。

地理分布：浙江省内大部分地区，河北、河南、山东、江苏、湖北、湖南、安徽、福建、台湾、云南及广东。

标本采自：龙湾大河。

21. 铜锈环棱螺

▲ 张永普　摄

学　　名：*Bellamya aeruginosa* (Reeve, 1863)

分类地位：软体动物门 Mollusca

腹足纲 Gastropoda

中腹足目 Mesogastropoda

田螺科 Viviparidae

环棱螺属 *Bellamya*

形态特征： 贝壳较小，呈长圆锥形，壳质坚厚。壳顶尖，常被腐蚀，螺旋部长圆锥形，体螺层膨大。螺层约 6 层，不外凸，每层有 3 条显著螺棱。缝合线较浅，生长线明显。壳表铜锈色或绿褐色，表面粗糙。壳口梨形，上方形成锐角，外唇薄，内唇厚。脐孔缝状，厣角质。

生态习性： 栖息于湖泊、河流、沟渠及池塘内。

地理分布： 浙江省内大部分地区，内蒙古、河北、河南、山东、江苏、安徽、江西、湖南、湖北、福建及广东。

标本采自： 永嘉上塘、沙头，瓯海茶山。

22. 河湄公螺

▲解 雷 摄

学　　名：*Mekongia rivularia* (Kobelt)

分类地位：软体动物门 Mollusca

腹足纲 Gastropoda

中腹足目 Mesogastropoda

田螺科 Viviparidae

涠公螺属 *Mekongia*

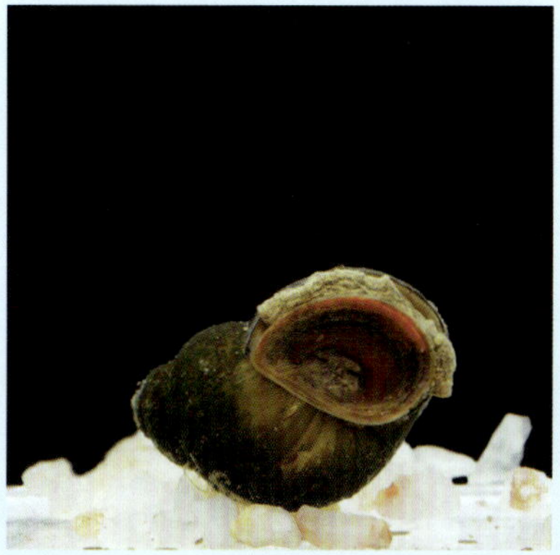

形态特征：贝壳中等，呈卵圆形，壳质厚，极坚固。壳顶钝，常被腐蚀。螺旋部宽圆锥形，体螺层膨大，约占全部壳高的 4/5。螺层约 4 层，缝合线深，生长纹粗。壳表黄褐色或黄绿色。壳口梨形，上方形成锐角，外唇薄。脐孔缝状。厣角质。

生态习性：栖息在湖泊、河流及山溪深潭内泥沙质底。

地理分布：浙江省内大部分地区，安徽、山东、江西、湖南及贵州。

标本采自：永嘉岩坦，瓯海泽雅。

23. 大沼螺

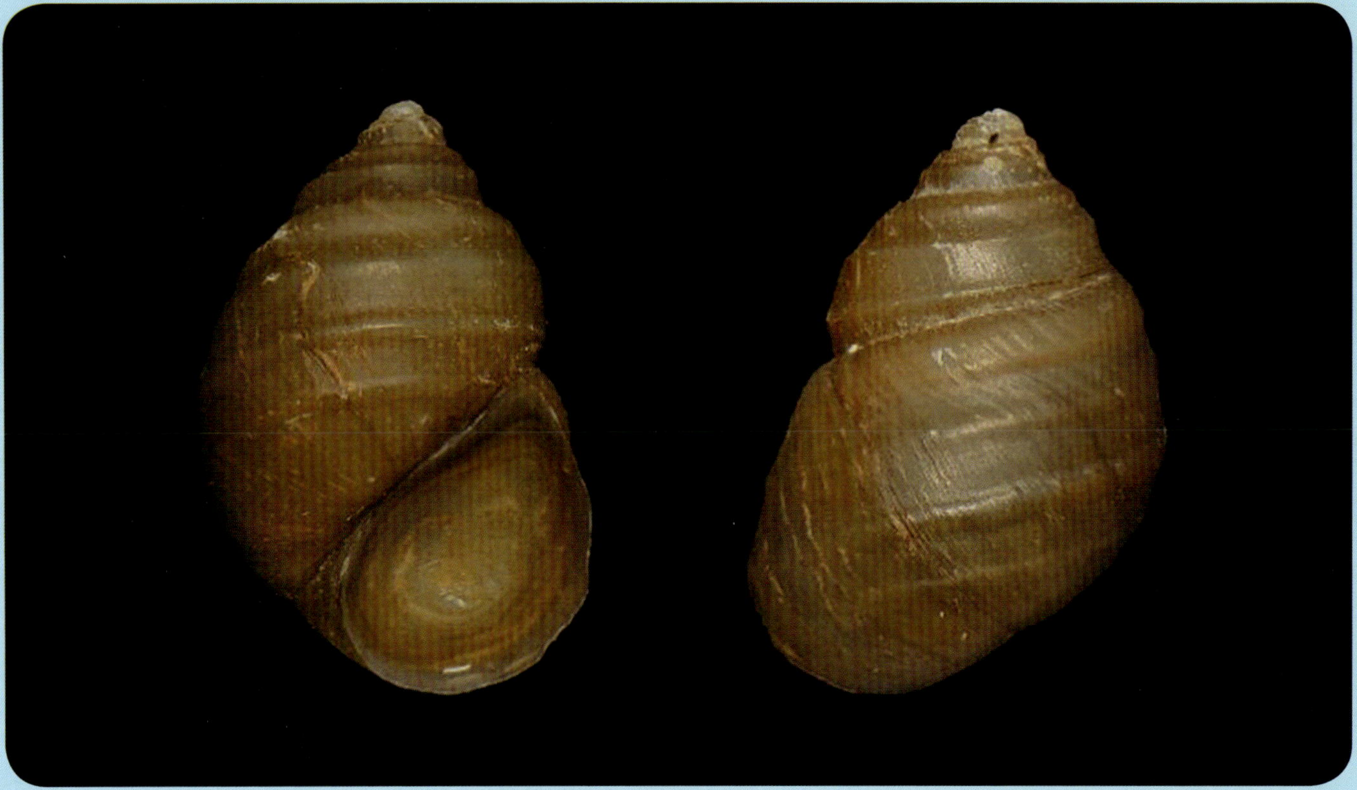

▲ 张永普　摄

学　　名： *Parafossarulus eximius* (Frauenfeld, 1864)

分类地位： 软体动物门 Mollusca

腹足纲 Gastropoda

中腹足目 Mesogastropoda

豆螺科 Bithyniidae

沼螺属 *Parafossarulus*

形态特征： 贝壳小，呈卵圆锥形，壳质坚厚。壳顶钝，常被磨损，螺旋部宽圆锥形，体螺层膨大。螺层约 5 层，壳面外凸，有显著螺棱。缝合线浅，生长线明显。壳表褐色、黄褐色或绿褐色，表面较光滑。壳口梨形。厣石灰质。

生态习性： 栖息于溪流、沟渠、湖泊及池塘内的水草上或水底。

地理分布： 河北、山东、安徽、浙江、江苏、湖北、江西、湖南、四川及广东。

标本采自： 瓯海茶山。

24. 多棱短沟蜷

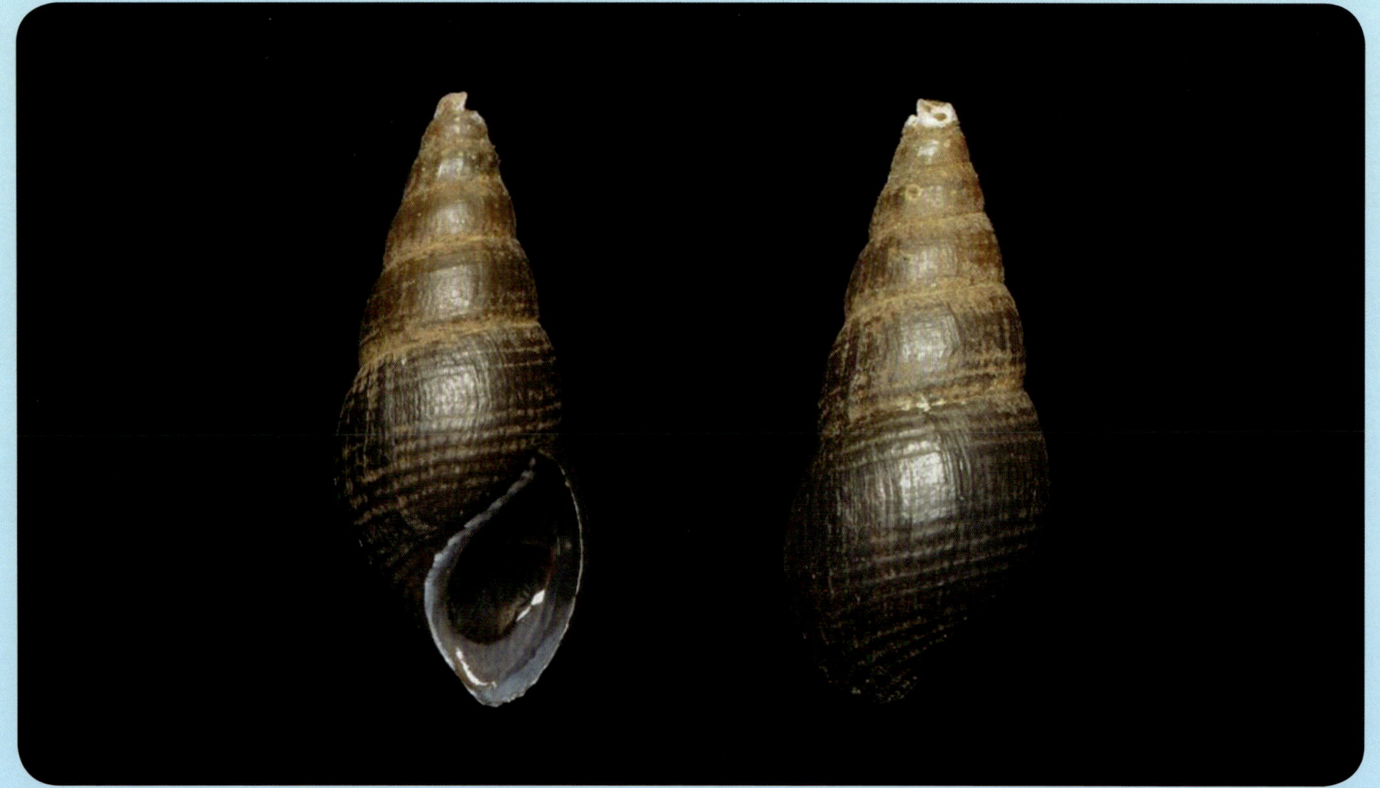

▲ 张永普　摄

学　　名：*Semisulcospira jacquetiana* (Heude, 1888)

分类地位：软体动物门 Mollusca

腹足纲 Gastropoda

中腹足目 Mesogastropoda

肋蜷科 Plenroseridae

短沟蜷属 *Semisulcospira*

形态特征：贝壳中等，呈塔锥形，壳质坚厚。壳顶常被腐蚀，螺旋部略膨大，体螺层比螺旋部膨大较多。螺层约 7 层，每层高度均匀增长，部分个体具有红褐色色带，缝合线浅，生长纹不甚明显。壳表黄褐色或暗褐色，花纹多变。壳口梨形，无脐，厣角质。

生态习性：栖息于山岳丘陵地带布满卵石、岩石或者是沙质底的山溪中。

地理分布：浙江宁海、开化、三门、温岭、丽水、云和、龙泉、永嘉、瓯海。

标本采自：永嘉岩坦，瓯海泽雅。

25. 多瘤短沟蜷

▲ 张永普　陈志俭　摄

学　　名：*Semisulcospira peregrinorum* (Heude, 1890)

分类地位：软体动物门 Mollusca

腹足纲 Gastropoda

中腹足目 Mesogastropoda

肋蜷科 Plenroseridae

短沟蜷属 *Semisulcospira*

形态特征：贝壳中等，呈塔圆锥形。壳顶常被腐蚀，螺旋部长圆锥形，体螺层略膨大。螺层约 7 层，每层高度均匀增长。缝合线浅，生长纹不明显。壳表黑色或深褐色，有螺棱和瘤状结节，但体螺层仅有螺棱。壳口梨形，外唇薄，内唇形成胼胝。无脐，厣角质。

生态习性：栖息于山区溪流中。

地理分布：浙江衢州、开化、常山、江山、丽水、云和、龙泉、永嘉，安徽。

标本采自：永嘉岩坦。

26. 放逸短沟蜷

▲ 张永普　陈志俭　摄

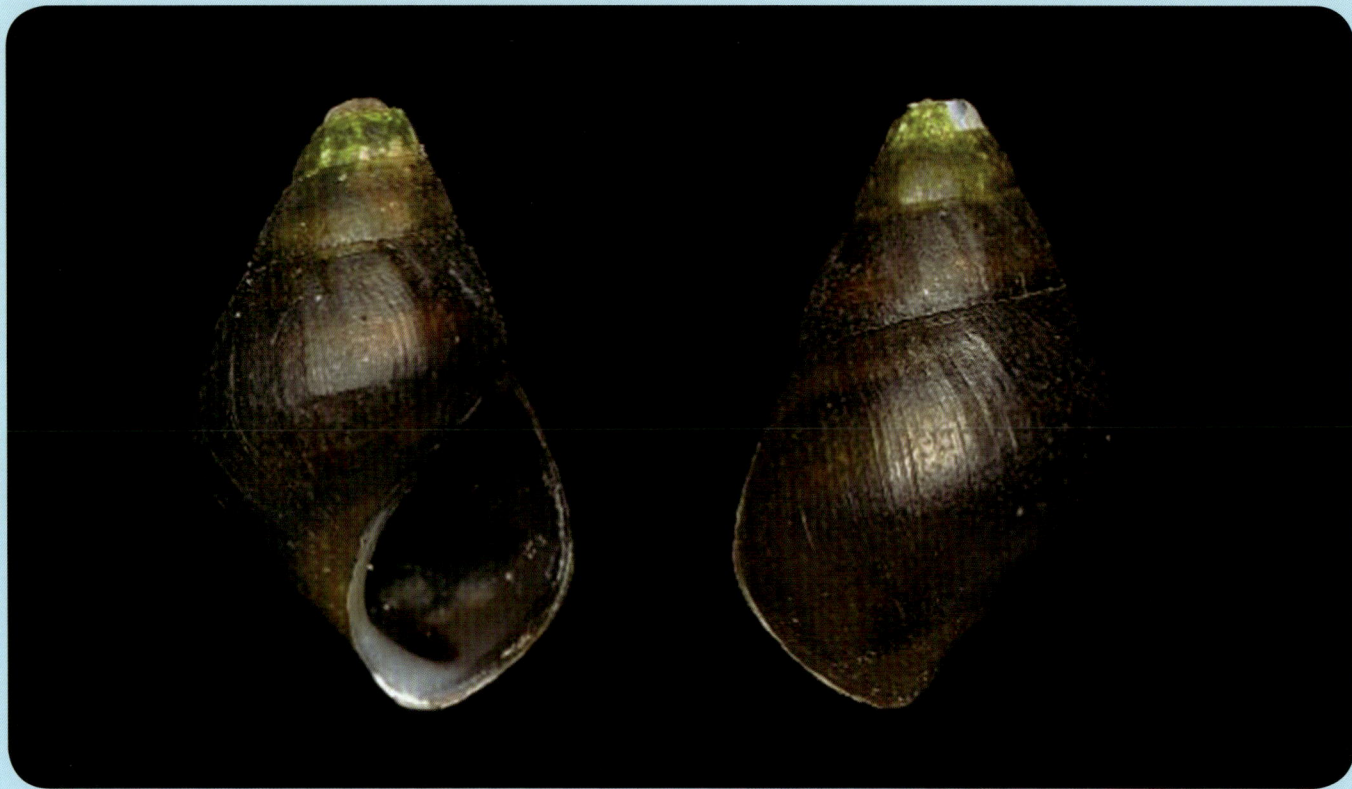

学　　名： *Semisulcospira libertina* (Gould, 1859)

分类地位： 软体动物门 Mollusca

腹足纲 Gastropoda

中腹足目 Mesogastropoda

肋蜷科 Plenroseridae

短沟蜷属 *Semisulcospira*

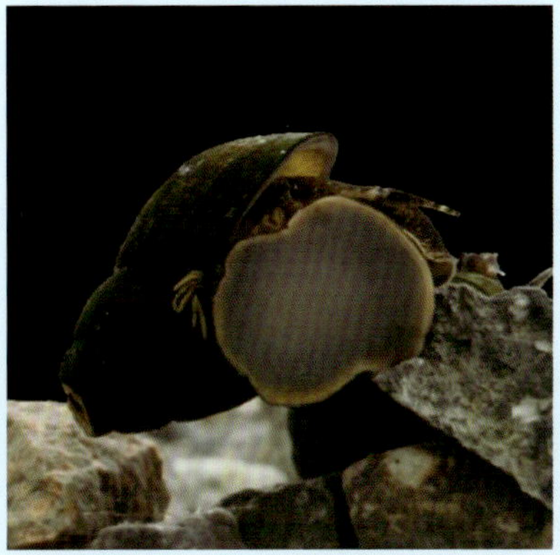

形态特征： 贝壳中等，呈塔锥形，壳质坚厚。壳顶常被腐蚀，螺旋部平坦，体螺层略膨胀。螺层约6层，每层高度均匀增长。缝合线浅，生长纹明显。壳表黄褐色或暗褐色，花纹多变，部分个体有红褐色色带，部分个体表面光滑。壳口梨形，外唇薄。无脐，厣角质。

生态习性： 栖息于山岳丘陵地带的水流略急、水温较低、水质清澈透明的山溪中。

地理分布： 浙江省内大部分地区，吉林、辽宁、安徽、江西、福建、台湾、湖北、湖南、广东、广西、贵州及云南。日本。朝鲜。

标本采自： 永嘉岩坦、沙头。

27. 福寿螺

▲解 雷 摄

学　　名： *Pomacea canaliculata* (Lamarck, 1822)

分类地位： 软体动物门 Mollusca
腹足纲 Gastropoda
中腹足目 Mesogastropoda
瓶螺科 Ampullariidae
瓶螺属 *Pomacea*

形态特征： 贝壳大，近卵圆形，壳质薄脆。壳顶钝，螺旋部小，体螺层极膨大，约占全部壳高的4/5。螺层约5层，每层宽度递增迅速，缝合线明显，生长纹明显。壳表黄褐色，表面光滑。壳口梨形，外唇薄，内唇向外反翘。脐孔宽深，厣角质。

生态习性： 栖息于农田、丘陵、山区的各类沟渠、溪流、水塘中。

地理分布： 长江中下游及以南省份，为外来入侵物种。日本。韩国。菲律宾。美国。巴西。阿根廷。

标本采自： 龙湾天河。

28. 宽带梯螺

▲ 杜珉逸　摄

学　　名：*Papyriscala clementinum* Grateloup, 1940

分类地位：软体动物门 Mollusca

腹足纲 Gastropoda

异腹足目 Heterogastropoda

梯螺科 Epitoniidae

薄梯螺属 *Papyriscala*

形态特征：贝壳小型，呈锥形，壳顶尖小。螺层约 7 层，向外膨大。壳面有排列整齐的纵肋，但各螺层纵肋相对独立，与相邻螺层不相接。壳表呈淡黄褐色，有环行的深棕色色带。壳口卵圆形，外唇薄，内唇下缘有反折。脐孔深。

生态习性：栖息于潮间带低潮区及浅海的沙质底。

地理分布：东南沿海。印度 - 西太平洋。

标本采自：瓯江口。

29. 红螺

▲解 雷 摄

学　　名： *Rapana bezoar* (Linnaeus, 1767)

分类地位： 软体动物门 Mollusca

腹足纲 Gastropoda

新腹足目 Neogastropoda

骨螺科 Muricidae

红螺属 *Rapana*

形态特征： 贝壳大，略呈四方形。壳顶尖，螺旋部稍高，体螺层膨大。螺层约 6 层，壳面密布细而稍凸出的螺肋。体螺层下部有 3 ~ 4 条略粗的肋，有短的角状突起。肩角上有短的棘状突起，体螺层的上部形成翘起的游离褶襞。壳表黄褐色。壳口大，内面有淡黄或红黄色条纹。外唇内缘具强褶襞，内唇弧形。厣角质。

生态习性： 栖息于潮间带低潮线及潮下带浅海泥沙质底。

地理分布： 浙江以南沿海。西太平洋。印度洋。美国加利福尼亚沿岸。

标本采自： 瓯江口。

30. 瘤荔枝螺

▲ 解 雷 摄

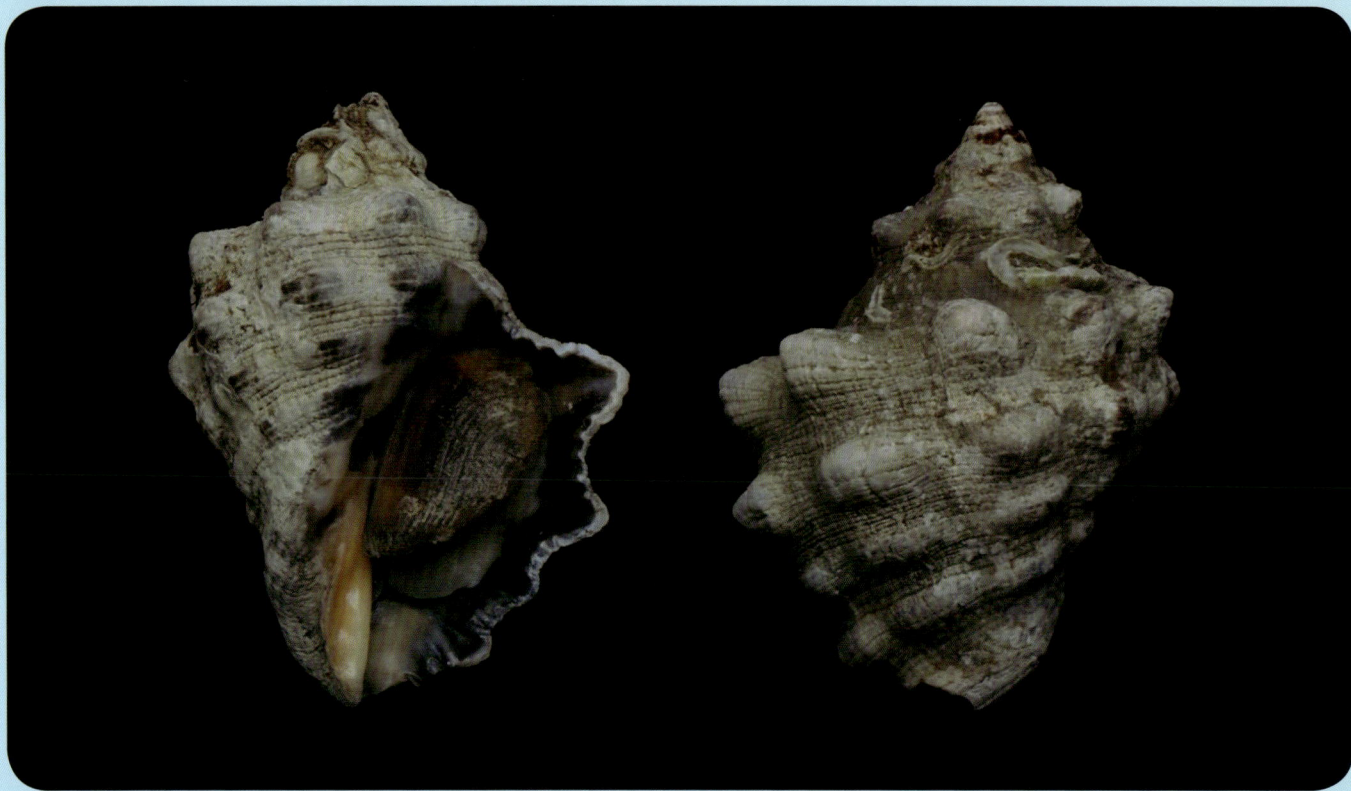

学　　名：*Thais bronni* (Dunker, 1860)

分类地位：软体动物门 Mollusca

腹足纲 Gastropoda

新腹足目 Neogastropoda

骨螺科 Muricidae

荔枝螺属 *Thais*

形态特征：贝壳中等，呈纺锤形。壳顶尖，螺旋部高，约为壳高的 1/2。螺层约 6 层，壳表具有较大的瘤状突起，体螺层有 4 列瘤状突起。壳面交织有细密的螺纹和纵走生长纹。壳表淡黄色或带黑灰色，无褐色斑块。壳口长卵圆形，内面黄色。外唇有缺刻，内唇较直。厣角质。

生态习性：栖息于潮间带中、低潮区的岩石间。

地理分布：我国东海、南海。日本。

标本采自：瓯江口。

31. 疣荔枝螺

▲ 张永普　摄

学　　名：*Thais clavigera* Küster, 1860

分类地位：软体动物门 Mollusca

腹足纲 Gastropoda

新腹足目 Neogastropoda

骨螺科 Muricidae

荔枝螺属 *Thais*

形态特征：贝壳稍小，略呈椭圆形。壳顶尖，螺旋部高，约为壳高的 1/3。螺层约 6 层，壳面膨胀，每层中部有 1 列明显疣状突起，体螺层有 4 ~ 5 列突起。壳面交织有细密的螺纹和纵走生长纹。壳表灰褐色或黄褐色。壳口卵圆形，内面浅黄色，边缘有大块的黑色或褐色斑。外唇有明显肋纹，内唇光滑。厣角质。

生态习性：栖息于潮间带中、低潮区岩礁，或附着于牡蛎的空壳上。

地理分布：我国沿海。日本。

标本采自：瓯江口。

32. 秀丽织纹螺

▲解 雷 摄

学　　名： *Nassarius festivus* (Powys, 1835)

分类地位： 软体动物门 Mollusca

腹足纲 Gastropoda

新腹足目 Neogastropoda

织纹螺科 Nassariidae

织纹螺属 *Nassarius*

形态特征： 贝壳小，呈长卵圆形。壳顶尖，体螺层稍大。螺层约 9 层。壳面具发达的纵肋和细的螺肋，二者交织成粒状突起。缝合线浅。壳表黄褐色、青灰色或黄色，具有褐色色带。壳口卵圆形，内面具多条褐色色带。外唇内缘具 4 枚褶状齿，内唇内缘有 3 ～ 4 个粒状的齿。前沟短深，后沟不显。厣角质。

生态习性： 栖息于潮间带及潮下带的泥沙质海底。

地理分布： 我国沿海。朝鲜半岛。 印度 - 西太平洋。

标本采自： 洞头灵霓大堤北侧。

33. 秀长织纹螺

▲解 雷 摄

学　　名： *Nassarius foveolatus* (Dunker, 1847)

分类地位： 软体动物门 Mollusca

腹足纲 Gastropoda

新腹足目 Neogastropoda

织纹螺科 Nassariidae

织纹螺属 *Nassarius*

形态特征： 贝壳小，呈长纺锤形。壳顶尖，体螺层大，超过壳高的 1/2。螺层约 9 层，壳表雕刻有细而略曲折的纵肋和细密的螺旋纹，二者交织成布纹状。缝合线浅。壳表呈黄褐或褐色，在体螺层的中部和各螺层的缝合线处，常有一条浅黄色的螺带。壳口长卵圆形，内唇为褐色，外唇背缘有一明显的纵肋。外唇内缘常具 11 ～ 13 枚齿状突起；内唇内缘常具 10 ～ 12 枚齿状褶襞。厣角质。

生态习性： 栖息于潮间带中、低潮区至浅海的泥质或泥沙质海底。

地理分布： 我国东海、南海。印度 - 西太平洋。

标本采自： 洞头灵霓大堤北侧。

34. 半褶织纹螺

▲ 张永普　摄

学　　名： *Nassarius semiplicatus* (A. Adams, 1852)

分类地位： 软体动物门 Mollusca

腹足纲 Gastropoda

新腹足目 Neogastropoda

织纹螺科 Nassariidae

织纹螺属 *Nassarius*

形态特征： 贝壳小，呈长卵圆形。壳顶尖，螺旋部较平，体螺层略膨大。螺层约 8 层，壳面具有明显的纵肋和细螺纹，而在体螺层的背部左侧多平滑无纵肋，体螺层基部具有数条明显的螺旋纹。壳表黄褐色或紫褐色，在各螺层的中部通常有一条浅色的螺带。壳口卵圆形，内部深褐色。外唇内缘常具 6 ～ 8 枚齿状突起；内唇内缘具弱的褶襞或光滑。前沟短。厣角质。

生态习性： 栖息于潮间带中、低潮区至浅海的泥质或泥沙质海底。

地理分布： 我国黄海、东海。

标本采自： 洞头灵霓大堤北侧，龙湾树排沙岛。

35. 泥螺

▲解　雷　杜珉逸　摄

学　　名：*Bullacta exarata* (Philippi, 1848)

分类地位：软体动物门 Mollusca

腹足纲 Gastropoda

头楯目 Cephalaspida

阿地螺科 Atyidae

泥螺属 *Bullacta*

形态特征：贝壳中型，呈卵圆形，壳质薄脆。螺旋部内卷入体螺层内，体螺层膨胀。壳面交织有生长线与螺旋线。壳表白色，半透明。壳口卵圆形，开口宽广。无厣。

生态习性：栖息于潮间带中、低潮区至潮下带浅水区的泥质或泥沙质底。

地理分布：我国沿海。日本。

标本采自：瓯江口。

36. 解氏囊螺

▲解 雷 摄

学　　名：*Retusa cecillii* (Philippi, 1844)

分类地位：软体动物门 Mollusca

腹足纲 Gastropoda

头楯目 Cephalaspida

囊螺科 Retusidae

囊螺属 *Retusa*

形态特征：贝壳小，呈陀螺状，壳质薄但坚固，半透明。螺旋部小，凸出壳顶；体螺层宽大。壳面被覆铁锈色壳皮，生长线清楚。壳表淡黄色，表面光滑。无螺旋沟。壳口狭长，外唇薄。无厣。

生态习性：栖息于潮间带中、低潮区的泥沙质底。

地理分布：浙江、广东、海南。日本。墨西哥。

标本采自：瓯江口。

37. 耳萝卜螺

▲解 雷 摄

学　　名：*Radix auricularia* (Linnaeus, 1758)

分类地位：软体动物门 Mollusca

腹足纲 Gastropoda

基眼目 Basommatophora

椎实螺科 Lymnaeidae

萝卜螺属 *Radix*

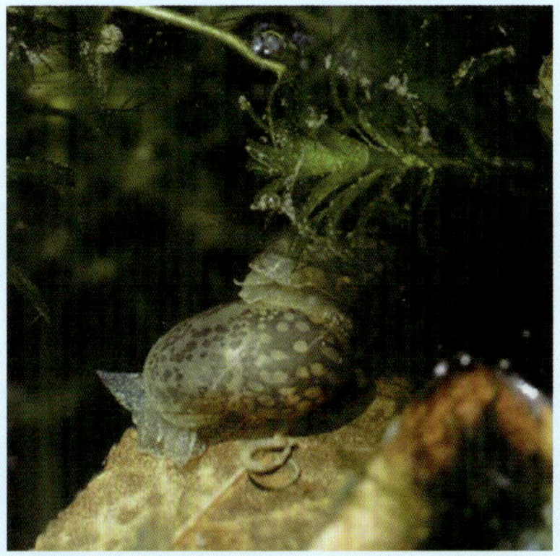

形态特征：贝壳个体大，呈耳形，壳质薄脆。壳顶尖，螺旋部极短，体螺层极膨大。螺层约 4 层，生长纹明显。壳面黄褐色或赤褐色，半透明且光滑。壳口耳状，开口极大，外唇薄，内唇宽。脐孔缝状。

生态习性：栖息于小水洼、池塘、湖泊、水库、小溪、水田、灌溉沟渠。

地理分布：我国广泛分布。亚洲。欧洲。北美。北非。

标本采自：龙湾天河。

38. 椭圆萝卜螺

▲ 杜珉逸　摄

学　　名：*Radix swinhoei* (H. Adams, 1866)

分类地位：软体动物门 Mollusca

腹足纲 Gastropoda

基眼目 Basommatophora

椎实螺科 Lymnaeidae

萝卜螺属 *Radix*

形态特征：贝壳略大，呈椭圆形，壳质薄。壳顶尖，螺旋部较短，体螺层较大。螺层约 3 层，生长纹明显。壳表淡褐色或褐色，表面光滑。壳口椭圆形，不向外扩张。外唇薄且易碎，内唇略厚。脐孔缝状或不明显。

生态习性：栖息于净水的稻田、池塘水域内，在浅水的小溪流及湖泊的沿岸带也有分布。

地理分布：山东、江苏、安徽、江西、浙江、福建、台湾、广东及广西。日本。越南。泰国。缅甸。印度。

标本采自：永嘉沙头。

39. 卵萝卜螺

▲ 杜珉逸　摄

学　　名： *Radix balthica* (Linnaeus, 1758)

分类地位： 软体动物门 Mollusca

腹足纲 Gastropoda

基眼目 Basommatophora

椎实螺科 Lymnaeidae

萝卜螺属 *Radix*

形态特征： 贝壳小，呈卵圆形，壳质薄脆。壳顶尖，螺旋部极小，体螺层极大。螺层约 4 层，缝合线明显，生长纹不显。壳表灰白色或褐色，略透明。壳口椭圆形，外唇薄，内唇贴覆于体螺层上。脐孔缝状或不显。

生态习性： 栖息于静水水域内，如池塘、稻田、沼泽及缓流的小溪及湖泊沿岸带，也分布于湖泊深水处及咸水水域内。

地理分布： 浙江、河北、黑龙江、吉林、辽宁及新疆。北亚。北美。欧洲。北非。

标本采自： 永嘉沙头。

40. 狭萝卜螺

▲解 雷 摄

学　　名：*Radix lagotis* (Schranck, 1803)

分类地位：软体动物门 Mollusca

腹足纲 Gastropoda

基眼目 Basommatophora

椎实螺科 Lymnaeidae

萝卜螺属 *Radix*

形态特征：贝壳中等，呈长椭圆形，壳质薄但坚固。壳顶尖锐，螺旋部小，约为全部壳高的 1/3，体螺层膨大。螺层约 4 层，生长纹明显。壳表灰白色或淡黄褐色。壳口大，椭圆形，周缘完整。外唇薄且锋利，内唇略扭曲。脐孔缝状。

生态习性：栖息于常年水位不固定的小溪、沟渠、池塘及沼泽等地区。

地理分布：浙江永嘉、嘉兴、瑞安、文成及泰顺，河北、黑龙江、陕西及新疆。欧洲。北亚。

标本采自：永嘉沙头，瓯海茶山。

41. 瘤背石磺

▲解 雷 摄

学　　名：*Onchidium reevesii* (Gray, 1850)

分类地位：软体动物门 Mollusca

腹足纲 Gastropoda

柄眼目 Systellommatophora

石磺科 Onchidiidae

石磺属 *Onchidium*

形态特征：身体裸露无贝壳，身体呈长椭圆形。背部有大量瘤状突起，呈灰黄色。腹部淡褐色，足部肥壮。

生态习性：多栖息在高潮区岩石或滩涂上，在河口咸淡水区域也能生活。

地理分布：我国江苏以南沿海。

标本采自：永嘉三江，龙湾树排沙岛。

42. 泥蚶

▲解 雷 摄

学　　名： *Tegillarca granosa* (Linnaeus, 1758)

分类地位： 软体动物门 Mollusca

双壳纲 Bivalvia

蚶目 Arcoida

蚶科 Arcidae

泥蚶属 *Tegillarca*

形态特征： 贝壳近卵圆形，左右相等，膨胀。壳顶凸，位于背缘中央略偏前方，间距远。韧带面较宽，近菱形，具数条菱形沟。贝壳背缘直，前后缘呈圆形。表面具 18 ~ 20 条发达的放射肋，肋上有大而疏的结节，肋间隙稍宽于放射肋。壳表白色，壳表被有棕褐色的薄壳皮。边缘有与壳表放射肋相对应的锯齿状突起。铰合部直，铰合齿细密。

生态习性： 栖息于潮间带中、低潮区至潮下带浅水区的软泥。

地理分布： 我国沿海。印度 - 西太平洋。

标本采自： 瓯江口。

43. 橄榄蚶

▲解 雷 摄

学　　名： *Estellarca olivacea* (Reeve, 1844)

分类地位： 软体动物门 Mollusca

双壳纲 Bivalvia

蚶目 Arcida

细纹蚶科 Noetiidae

橄榄蚶属 *Estellarca*

形态特征： 贝壳长卵形，左右相等，膨胀。壳顶凸，位于背缘中央，间距远。韧带面呈菱形，上有横列的角质条纹。背、腹缘近乎平行。后端较前端略窄。壳表放射肋整齐而细密，生长纹明显，两者相交呈细网状。壳表具棕褐色壳皮，无绒毛。铰合部略弯，铰合齿成弧形排列，有 30 余个铰合齿，前、后端齿较中央者大。

生态习性： 栖息于潮间带中潮区至潮下带的泥沙底。

地理分布： 我国沿海。菲律宾。日本。

标本采自： 瓯江口。

44. 黑荞麦蛤

▲ 张永普　摄

学　　名：*Xenostrobus atratus* (Lischke, 1871)

分类地位：软体动物门 Mollusca

双壳纲 Bivalvia

贻贝目 Mytiloida

贻贝科 Mytilidae

荞麦蛤属 *Xenostrobus*

形态特征：贝壳小，略呈三角形，壳质较坚韧。壳顶凸，位于背缘中央略偏前方。韧带稍宽，韧带脊细。背缘前半部较直，后半部近弧形。腹缘略往体侧弯。壳表光滑，无放射肋。外表呈黑色，内面呈灰紫色。无铰合齿。足丝略显。

生态习性：栖息于潮间带高、中潮区，以发达的足丝附着在岩石或缝隙及牡蛎礁间，常群栖生活。

地理分布：我国沿海。日本。

标本采自：洞头灵霓大堤北侧。

45. 沼蛤

▲解 雷 摄

学　　名：*Limnoperna fortunei* (Dunker, 1856)

分类地位：软体动物门 Mollusca

双壳纲 Bivalvia

贻贝目 Mytiloida

贻贝科 Mytilidae

沼蛤属 *Limnoperna*

形态特征：贝壳较小，略呈三角形，壳质薄。壳顶凸，位于背缘中央略偏前方，且凸出形成黑褐色龙骨。背缘前半部较直，后半部近弧形。腹缘较平，略往体侧弯。壳表除龙骨外整体呈黄褐色，内面呈浅蓝灰色。无铰合齿。

生态习性：本为淡水种，但常栖息于河口咸淡水区域，以发达的足丝附着在自然或人工基质间。

地理分布：海河以南的入海河流流域。泰国。日本。阿根廷。

标本采自：永嘉沙头。

46. 彩虹明樱蛤（彩虹蛤）

▲解 雷 摄

学　　名：*Moerella iridescens* (Benson, 1842)

分类地位：软体动物门 Mollusca

双壳纲 Bivalvia

帘蛤目 Veneroida

樱蛤科 Tellinidae

明樱蛤属 *Moerella*

形态特征：贝壳小，多呈三角形或略近长椭圆形。两壳前后端稍开口，前端圆，后端尖。前背缘微凸，后背缘呈斜截形。壳表多呈粉红色，光滑具光泽，有白色放射带，生长纹细密。壳后端有一纵褶。壳内面黄色。铰合部窄，两壳各具主齿 2 枚。

生态习性：栖息于潮间带低潮区至潮下带浅水区的沙质底或泥沙质底。

地理分布：我国沿海。日本。菲律宾。泰国。

标本采自：瓯江口。

47. 缢蛏

▲解 雷 摄

学　　名：*Sinonovacula constricta* (Lamarck, 1818)

分类地位：软体动物门 Mollusca

双壳纲 Bivalvia

帘蛤目 Veneroida

截蛏科 Solecurtidae

缢蛏属 *Sinonovacula*

形态特征：贝壳大型，呈长方形。壳顶低平，位于前端约 1/3 处。前端圆，后端近截形，背腹缘较平，但腹缘微内陷，自壳顶到中腹部有 1 条微凹的斜沟。壳表有深黄绿色壳皮，生长线粗糙。铰合部小，主齿右壳 2 枚、左壳 3 枚。

生态习性：栖息于潮间带中、低潮区及潮下带软泥质底。

地理分布：我国沿海。日本。

标本采自：洞头灵霓大堤南侧。

48. 河蚬

▲解 雷 摄

学　　名： *Corbicula fluminea* (O. F. Müller, 1774)

分类地位： 软体动物门 Mollusca

双壳纲 Bivalvia

帘蛤目 Veneroida

蚬科 Corbiculidae

蚬属 *Corbicula*

形态特征： 贝壳中等，呈正三角形，壳质较坚韧。壳顶凸，位于背缘中央略偏前方，常被腐蚀掉色。韧带短而强。背缘略呈截状，腹缘呈半圆形。壳表颜色多变，与环境、年龄等因素相关，可呈棕黄色、黄绿色、黄褐色或漆黑色，且有粗的生长纹。内面淡紫色，伴有陶瓷状光泽。铰合部发达，铰合齿左右壳各 3 枚。

生态习性： 栖息于淡水以及河口咸淡水区域的泥沙底。

地理分布： 我国除西藏、新疆、贵州外其余省份均有分布。俄罗斯。日本。朝鲜。东南亚各国。

标本采自： 永嘉沙头、上塘。

49. 菲律宾蛤仔

▲ 杜珉逸　摄

学　　名：*Ruditapes philippinarum* (A. Adams *et* Reeve, 1850)

分类地位：软体动物门 Mollusca

双壳纲 Bivalvia

帘蛤目 Veneroida

帘蛤科 Veneridae

蛤仔属 *Ruditapes*

形态特征：贝壳中等，呈卵圆形。壳顶前倾，位于前端约1/3处。背腹缘均呈弧形。壳表花纹变化大，呈灰黄或灰白色，放射线密集，90 ~ 107条，与同心生长线相交，呈布目格状。放射肋从壳顶至腹面逐渐变粗并隆起成脊。壳内面灰白色或灰黄色，铰合部长，左壳中央主齿明显分叉。

生态习性：栖息于潮间带中、低潮区的沙质底、小砾石滩和泥沙质底及潮下带泥沙质底。

地理分布：我国沿海。日本。菲律宾。

标本采自：洞头灵霓大堤北侧。

50. 短文蛤

▲解 雷 摄

学　　名：*Meretrix petechialis* (Lamarck, 1818)

分类地位：软体动物门 Mollusca

双壳纲 Bivalvia

帘蛤目 Veneroida

帘蛤科 Veneridae

文蛤属 *Meretrix*

形态特征：贝壳中型，呈三角卵圆形，壳厚坚硬。壳顶部宽，位于贝壳中部近前方。背腹缘均呈弧形。壳表颜色和花纹多变，具光滑似漆的壳皮，质感光滑。生长纹细，排列不规则。壳内面白色，铰合部大。

生态习性：栖息于潮间带沙滩及浅海沙质底。

地理分布：我国沿海。朝鲜半岛。

标本采自：瓯江口。

51. 青蛤

▲ 张永普　摄

学　　名：*Cyclina sinensis* (Gmelin, 1791)

分类地位：软体动物门 Mollusca

双壳纲 Bivalvia

帘蛤目 Veneroida

帘蛤科 Veneridae

青蛤属 *Cyclina*

形态特征：贝壳中等，圆形，壳质厚且膨胀，壳高大于壳长。壳顶较尖，前倾，位于背部中央。背腹缘均呈半圆形。壳面呈黄、黑或紫灰色，生长线密集，具有纤细的放射刻纹，二者交叉。壳内面白色，铰合部宽。左壳前主齿片状，右壳前主齿小，两者中央主齿大，后主齿长。壳内缘具细的齿状缺刻。

生态习性：栖息于潮间带中、低潮区泥沙质底。

地理分布：辽宁以南的沿海均有分布。日本。越南。菲律宾。朝鲜。

标本采自：洞头灵霓大堤北侧。

52. 薄壳绿螂

▲解 雷 摄

学　　名：*Glauconome primeana* Crosse *et* Debeaux, 1863

分类地位：软体动物门 Mollusca

双壳纲 Bivalvia

帘蛤目 Veneroida

绿螂科 Glauconomidae

绿螂属 *Glauconome*

形态特征：贝壳小型，呈长椭圆形，壳质较薄。壳顶较平，位于背缘中央略偏前方。韧带筒状。背缘后端略呈截状，腹缘略平。壳表绿色，且有明显的生长纹。内面白色或淡蓝色。铰合齿左右各 3 枚。

生态习性：栖息于河口或潮间带咸淡水区域的泥沙底。

地理分布：辽宁、河北、山东、江苏、浙江。

标本采自：龙湾树排沙岛。

53. 光滑篮蛤（光滑河篮蛤）

▲ 张永普　摄

学　　名：*Potamocorbula laevis* (Hinds, 1843)

分类地位：软体动物门 Mollusca

双壳纲 Bivalvia

海螂目 Myoida

篮蛤科 Corbulidae

河篮蛤属 *Potamocorbula*

形态特征：贝壳小型，呈长卵圆形。壳顶位于贝壳中部近前方。两壳不等，右大而左小。前背缘略直，后背缘微弧，腹缘弧形。壳表有黄褐色壳皮，无放射肋。壳内面白色，铰合部狭，铰合齿左右壳各 1 枚。韧带黄褐色。

生态习性：栖息于潮间带中、低潮区的泥沙质底。

地理分布：我国沿海。

标本采自：洞头灵霓大堤北侧，龙湾树排沙岛。

54. 焦河篮蛤

▲ 张永普 摄

学　　名：*Potamocorbula ustulata* (Reeve, 1844)

分类地位：软体动物门 Mollusca

双壳纲 Bivalvia

海螂目 Myoida

篮蛤科 Corbulidae

河篮蛤属 *Potamocorbula*

形态特征：贝壳小型，近似呈等腰三角形。壳厚坚硬。壳顶壳顶凸，位于背缘中部。两壳不等，左壳腹缘被右壳腹缘中后部卷包。壳表有黄褐色壳皮，同心生长线细密，放射纹通常于右壳可见。壳内面灰白色。

生态习性：栖息于潮间带及浅海泥沙质底。

地理分布：山东、江苏和浙江沿海。东南亚。

标本采自：瓯江口。

55. 圆顶珠蚌

▲解 雷 摄

学　　名： *Nodularia douglasiae* (Griffth *et* Pidgeon, 1833)

分类地位： 软体动物门 Mollusca

双壳纲 Bivalvia

蚌目 Unionoida

蚌科 Unionidae

珠蚌属 *Nodularia*

形态特征： 贝壳中型，呈长椭圆形，长度一般大于高度 2 倍。壳质较薄但坚硬。壳顶大且凸出，位于背部前部。壳面呈黑褐色或黑色，同心生长线粗大。壳内灰色白、淡蓝色或鲜肉色。铰合部发达，左壳 4 齿，右壳 3 齿。

生态习性： 栖息于湖泊、河流、水库及池塘的泥质底或沙质底。

地理分布： 我国除西北地区外其余省份均有分布。俄罗斯。越南。

标本采自： 永嘉碧莲，瓯海茶山。

56. 椭圆华无齿蚌

▲解　雷　摄

学　　名： *Sinanodonta elliptica* (Heude, 1878)

分类地位： 软体动物门 Mollusca

双壳纲 Bivalvia

蚌目 Unionoida

蚌科 Unionidae

华无齿蚌属 *Sinanodonta*

形态特征： 贝壳大型，呈长椭圆形，壳厚坚硬。壳顶较小，位于背缘前端。背缘略直并向上略倾斜，腹缘呈弧形。壳面呈黄褐色，同心生长线不规则。壳内呈淡蓝色。铰合部弱，无铰合齿。韧带粗大。

生态习性： 栖息于河湾、湖泊、稻田、池塘等静水泥质底。

地理分布： 浙江、江西、福建、广东、广西。越南。

标本采自： 永嘉巽宅，瓯海茶山。

57. 三角帆蚌

▲ 陈志俭　摄

学　　名：*Sinohyriopsis cumingii* (Lea, 1852)

分类地位：软体动物门 Mollusca

双壳纲 Bivalvia

蚌目 Unionoida

蚌科 Unionidae

帆蚌属 *Sinohyriopsis*

形态特征：贝壳大型，呈扁平的不整齐四边形，壳厚坚硬。壳顶位于背缘前端，不突出。背缘后端向上伸展，呈三角风帆状，腹缘中段较平，前后两端弧形。壳面黄褐色或墨绿色，同心生长线较规则。壳内呈乳白色、肉红色或金黄色。铰合部发达，左右各具 2 枚铰合齿。韧带较长。

生态习性：栖息于常年水位不干涸的大、中型湖泊及河流内。

地理分布：江苏、湖南、湖北、江西、浙江、福建、广东。

标本采自：永嘉上塘。

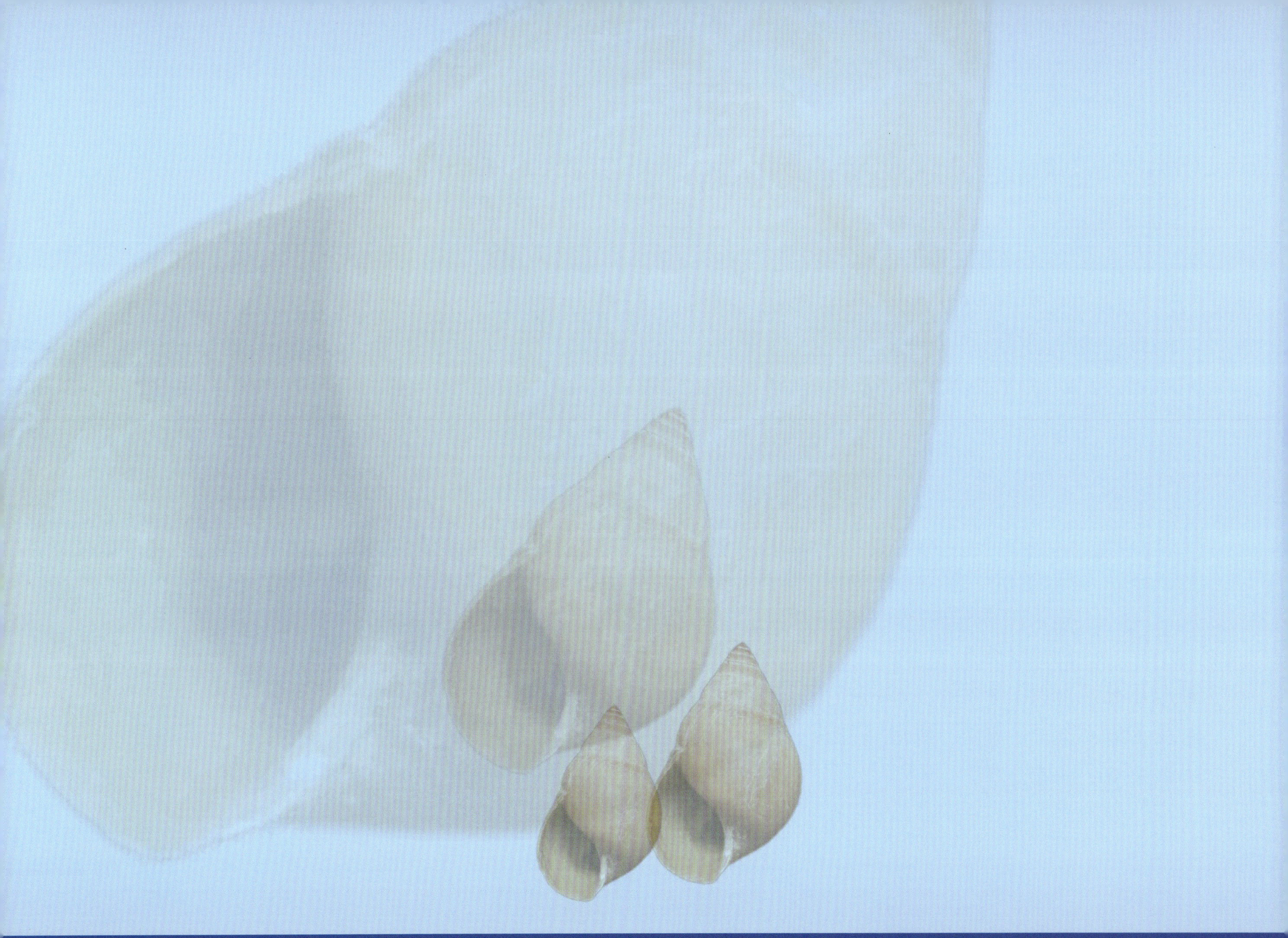

节肢动物门

58. 刀额新对虾

▲ 陈志俭　摄

学　　名：*Metapenaeus ensis* (de Haan, 1844)

分类地位：节肢动物门 Arthropoda

软甲纲 Malacostraca

十足目 Decapoda

对虾科 Penaeidae

新对虾属 *Metapenaeus*

形态特征： 体中型。体表粗糙，有许多凹陷部分，并生有短毛。额剑水平伸出，呈刀状，长度约为头胸甲一半，上缘 7 ~ 9 齿，下缘无齿。第 1 ~ 3 步足各有 1 基节刺，第 5 步足细长。腹节背面有纵脊，尾节背面中央有纵沟。

生态习性： 幼体生活于低盐的河口、内湾，随生长逐渐向高盐水域移动。对底质的选择性不强。

地理分布： 我国东海、南海。日本。斯里兰卡。马来西亚。印度尼西亚。新几内亚。澳大利亚北部。

标本采自： 永嘉瓯北。

保护等级： 中国物种红色名录易危（VU）。

59. 刺螯鼓虾

▲解　雷　摄

学　　名： *Alpheus hoplocheles* Coutière, 1897

分类地位： 节肢动物门 Arthropoda

软甲纲 Malacostraca

十足目 Decapoda

鼓虾科 Alpheidae

鼓虾属 *Alpheus*

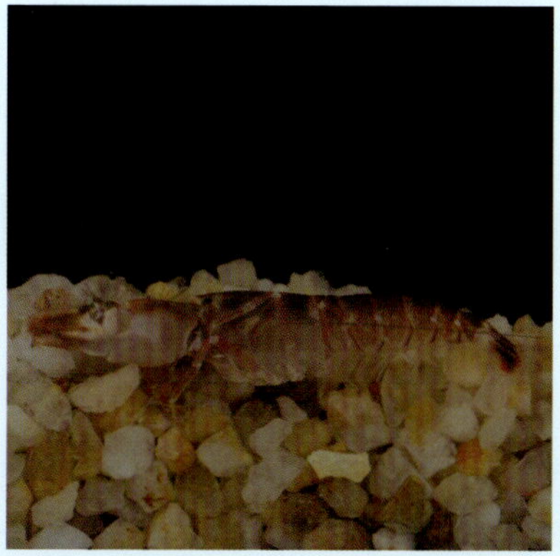

形态特征： 体中型，呈棕红色或绿褐色。额剑短，不明显。第 1 步足为螯足，左右不等，大螯粗短、厚实，小螯亦粗短但明显小于大螯，两螯背面有暗绿色斑纹。尾节宽大，末端呈深蓝色。

生态习性： 潮浅附近的沙泥中或石块下。

地理分布： 我国黄海、渤海、东海。日本。印度尼西亚。

标本采自： 瓯江口。

60. 浙江米虾

▲ 陈志俭　摄

学　　名：*Caridina zhejiangensis* (Liang *et* Zheng, 1985)

分类地位：节肢动物门 Arthropoda

软甲纲 Malacostraca

十足目 Decapoda

匙指虾科 Atyidae

米虾属 *Caridina*

形态特征：体小型，略透明。额剑呈短刺状，长度约为头胸甲的 1/4，上缘平直，具 4 ~ 9 齿，下缘末端具 1 ~ 2 齿。第 1 步足粗短，第 2 ~ 5 步足细长。尾节背面具 5 ~ 6 对背刺。

生态习性：栖息于溪流底部的石上或石缝间，或溪边的草丛中。

地理分布：浙江、安徽。

标本采自：永嘉乌牛。

61. 安氏白虾

▲解 雷 陈志俭 摄

学　　名：*Exopalaemon annandalei* (Kemp, 1917)

分类地位：节肢动物门 Arthropoda

软甲纲 Malacostraca

十足目 Decapoda

长臂虾科 Palaemonidae

白虾属 *Exopalaemon*

形态特征：体中型，透明，死后呈白色。腹部后缘有淡红色横斑，尾肢上有红色纵斑。额剑细长，基部隆起若鸡冠，末端上扬，上缘 4 ~ 6 齿，下缘 4 ~ 6 齿。第 2 步足指节极长，约为掌部的 2 倍，腕节极短，为其鉴定性特征。头胸甲仅有小的触角刺和较大的鳃甲刺，腹节光滑，尾节后端中央呈尖刺状。

生态习性：栖息于江河下游淡水或咸淡水中。

地理分布：我国北部、东部沿海。

标本采自：永嘉三江。

62. 脊尾白虾

▲解 雷 陈志俭 摄

学　　名： *Expalaemon carinicauda* (Holthuis, 1950)

分类地位： 节肢动物门 Arthropoda

软甲纲 Malacostraca

十足目 Decapoda

长臂虾科 Palaemonidae

白虾属 *Exopalaemon*

形态特征： 体中型，透明，死后呈白色。体带蓝色或棕色小斑点，腹节后缘色深。抱卵雌性腹节腹部两侧有蓝色圆斑。额剑细长，长度约为头胸甲的 1.5 倍，基部隆起若鸡冠，末端上扬，上缘 6 ～ 9 齿，下缘 3 ～ 6 齿。第 2 步足粗大，指节细长，长于掌部，腕节长约为指节一半。头胸甲仅有小的触角刺和较大的鳃甲刺，腹节背面中央有明显纵脊，尾节背面光滑无脊。

生态习性： 栖息于近岸河口、坝脚河等半咸淡水域。

地理分布： 我国沿海。西太平洋。朝鲜半岛。

标本采自： 鹿城七都岛。

63. 粗糙沼虾

▲ 解　雷　陈志俭　摄

学　　名：*Macrobrachium asperulum* (von Martens, 1868)

分类地位：节肢动物门 Arthropoda

软甲纲 Malacostraca

十足目 Decapoda

长臂虾科 Palaemonidae

沼虾属 *Macrobrachium*

形态特征：体大型，呈青绿色或棕褐色，背部中间有一棕黄色纵纹贯穿全身。额剑短而宽，长度约为头胸甲的 2/3，背面稍隆起，上缘 8 ~ 12 齿，下缘 2 ~ 3 齿。第 2 步足为螯足，左右相等，表面布满小刺。头胸甲坚硬粗糙，同腹节、尾节都遍布颗粒状突起。

生态习性：栖息于平原湖沼及河流近岸浅水区多水草处，或水质清澈、水流较急石砾底的山区溪流中。

地理分布：我国长江中下游及以南。西伯利亚东南部。

标本采自：永嘉岩坦。

64. 台湾沼虾

▲解 雷 摄

学　　名： *Macrobrachium formosense* Bate, 1868

分类地位： 节肢动物门 Arthropoda

软甲纲 Malacostraca

十足目 Decapoda

长臂虾科 Palaemonidae

沼虾属 *Macrobrachium*

形态特征： 体大型。额剑长度约为头胸甲的 0.6 倍，背面稍隆起，上缘 12 ～ 14 齿，下缘 2 ～ 4 齿。第 2 步足为螯足，左右相等，指节大于掌节长度的一半，腕节长于掌部，长节长于指节，不动指基齿由 4 个齿状突叠合而成。头胸甲遍布小刺，腹节、尾节、尾肢的外侧遍布小刺。

生态习性： 栖息于淡水河流中下游河段的缓流或水库深潭。

地理分布： 浙江、福建、广东、台湾。日本。

标本采自： 永嘉桥头。

65. 福建沼虾

▲ 陈志俭　摄

学　　名：*Macrobrachium fukienense* Liang *et* Yan, 1980

分类地位：节肢动物门 Arthropoda

软甲纲 Malacostraca

十足目 Decapoda

长臂虾科 Palaemonidae

沼虾属 *Macrobrachium*

形态特征：体大型，呈灰黑色。额剑长度约为头胸甲的 0.6 倍，背面稍隆起，上缘 7 ~ 8 齿，下缘 2 齿。第 2 步足为螯足，左右同形，但大小不同，差异随年龄增大而减小。指节约为掌部的一半，长节略短于腕节，可动指和不动指均有 2 个齿。头胸甲两侧遍布颗粒状突起，腹节也有分散的颗粒状突起。尾节背面具 2 对刺。

生态习性：栖息于水质清澈、水流湍急的山溪石下或水草。

地理分布：长江以南至广东汕头。

标本采自：永嘉岩坦。

66. 海南沼虾

▲ 张永普　解　雷　摄

学　　名： *Macrobrachium hainanense* (Parisi, 1919)

分类地位： 节肢动物门 Arthropoda
软甲纲 Malacostraca
十足目 Decapoda
长臂虾科 Palaemonidae
沼虾属 *Macrobrachium*

形态特征： 体大型。额剑长度约为头胸甲的 0.6 倍，背面稍隆起，上缘 12 ～ 14 齿，下缘 2 ～ 4 齿。第 2 步足为螯足，左右相等，指节大于掌节长度的一半，腕节稍短于掌部，长节长于指节。头胸甲遍布颗粒状突起，腹节在腹甲边缘具颗粒状突起，尾节和尾肢的颗粒较其余部位粗大。海南沼虾与台湾沼虾形态极为相似，区别在于海南沼虾腕节稍短于掌部，而台湾沼虾腕节长于掌部。

生态习性： 栖息于江河中下游淡水，但繁殖季常进入沿海的咸淡水中。

地理分布： 原产海南、广东、广西。越南。爪洼。印度尼西亚。

标本采自： 永嘉瓯北、上塘。

67. 日本沼虾

▲解 雷 摄

学　　名：*Macrobrachium nipponense* (de Haan, 1849)

分类地位：节肢动物门 Arthropoda

软甲纲 Malacostraca

十足目 Decapoda

长臂虾科 Palaemonidae

沼虾属 *Macrobrachium*

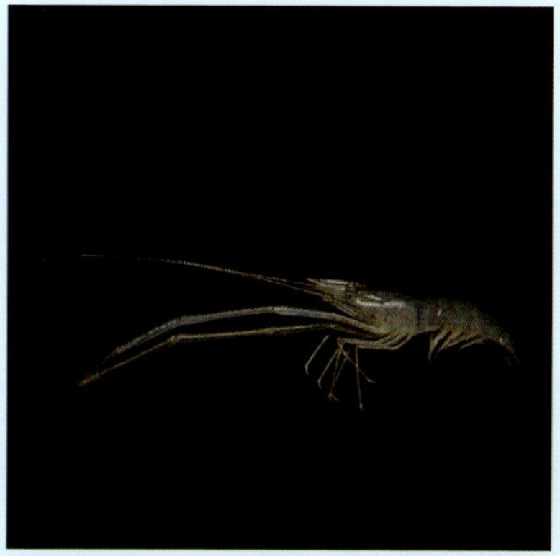

形态特征：体大型，遍布深青绿色及棕色斑纹。额剑长度约为头胸甲的 0.6 倍，基本平直，上缘 11 ~ 14 齿，下缘 2 ~ 3 齿。第 2 步足为螯足，左右相等，指节约为掌部 2/3，掌部长于长节，腕节明显长于掌部，长节约为腕节的 2/3。头胸甲粗糙，遍布颗粒状突起。腹节颗粒少，但尾节、尾肢仍遍布颗粒状突起。

生态习性：栖息于流动缓慢、水草繁茂的泥质底湖泊、水库、河渠、塘堰。

地理分布：我国全域。日本。朝鲜。韩国。越南。

标本采自：永嘉岩头，鹿城七都岛，瓯海茶山。

68. 克氏原螯虾

▲解 雷 摄

学　　名：*Procambarus clarkii* (Girard, 1852)

分类地位：节肢动物门 Arthropoda

软甲纲 Malacostraca

十足目 Decapoda

美螯虾科 Cambaridae

原螯虾属 *Procambarus*

形态特征： 体大型，呈红色、红棕色，腹节背面有深色横斑。额剑粗短，左右眼眶上方各有 1 条脊。第 1 步足为螯足，左右相等，极为粗壮，上有较大的疣状突起。雄虾第 5 步足基部有雄性生殖孔，第 1 游泳足特化为强壮的管状交接器；雌虾第 3 步足基部有雌性生殖孔，第 4、5 步足之间有受精囊孔。有头胸甲硕大，可占体长一半，遍布有小的疣粒。腹节、尾节较光滑。

生态习性： 栖息于水体较浅、水草丰盛的溪流、湖泊、沼泽、河沟。

地理分布： 我国中、东部，为外来入侵物种。美国。巴西。智利。法国。德国。意大利。日本。乌干达。赞比亚。

标本采自： 瓯海茶山。

69. 中华束腰蟹

▲解 雷 摄

学　　名：*Somanniathelphusa sinensis* (H. Milne-Edwards, 1853)

分类地位：节肢动物门 Arthropoda

软甲纲 Malacostraca

十足目 Decapoda

束腹蟹科 Parathelphusidae

束腰蟹属 *Somanniathelphusa*

形态特征：头胸甲横卵圆形，约长 25 mm，表面稍隆起，光滑有光泽。甲中央胃、心区之间有"H"形细沟。额缘锋利，前侧缘具 4 齿。螯足强大，左右不对称，雄蟹差异极明显。雄蟹腹部第 5、6 节束腰。

生态习性：栖息于淡水及咸淡水岸边泥洞中。

地理分布：浙江黄岩、温州、广西、广东、福建、江西。

标本采自：鹿城松台。

70. 橄榄拳蟹

▲解 雷 摄

学　　名： *Philyra olivacea* Rathbun, 1909

分类地位： 节肢动物门 Arthropoda

软甲纲 Malacostraca

十足目 Decapoda

玉蟹科 Leucosiidae

拳蟹属 *Philyra*

形态特征： 头胸甲近橄榄形，约长 10 mm，表面隆起，遍布颗粒。甲后缘窄，中部稍凸，两侧有三角形凸起。螯足强大，两指内缘有锯齿，掌部光滑，但长节遍布颗粒。步足细长。

生态习性： 栖息于泥沙滩涂的石块下。

地理分布： 我国东海、南海。泰国。

标本采自： 瓯江口。

71. 豆型拳蟹

▲解 雷 摄

学　　名：*Philyra pisum* de Haan, 1841

分类地位：节肢动物门 Arthropoda

软甲纲 Malacostraca

十足目 Decapoda

玉蟹科 Leucosiidae

拳蟹属 *Philyra*

形态特征：头胸甲圆球形，约长 16 mm，呈淡青色。表面隆起，边缘具分散的颗粒，背面颗粒少，排列规则。螯足粗壮，长节亦遍布颗粒。步足光滑圆柱形。

生态习性：栖息于潮间带泥滩上。

地理分布：我国各海域。朝鲜。日本。印度尼西亚。新加坡。菲律宾。美国加利福尼亚。

标本采自：瓯江口。

72. 红星梭子蟹

▲ 张永普　摄

学　　名：*Portunus sanguinolentus* (Herbst, 1783)

分类地位：节肢动物门 Arthropoda

软甲纲 Malacostraca

十足目 Decapoda

梭子蟹科 Portunidae

梭子蟹属 *Portunus*

形态特征：头胸甲梭形，约长 52 mm，甲面前部有微细颗粒，后部光滑，有 3 个血红色卵圆行斑纹。甲侧有 1 对隆脊，向后突出成弧状。额端 4 齿，前侧缘 9 齿。螯足极强大，有血红色不规则斑纹。步足前后缘有短毛，末对步足扁平，毛更密。

生态习性：栖居于潮间带至水深 80 m 的泥沙质海底。

地理分布：我国东海、南海。印度 - 西太平洋。莫桑比克。南非。

标本采自：瓯江口。

73. 拟曼赛因青蟹（拟穴青蟹）

▲解 雷 摄

学　　名：*Scylla paramamosain* Estampador, 1949

分类地位：节肢动物门 Arthropoda

软甲纲 Malacostraca

十足目 Decapoda

梭子蟹科 Portunidae

青蟹属 *Scylla*

形态特征：头胸甲横卵圆形，约长 70 mm，呈青绿色。甲表面隆起光滑，中央胃、心区之间有“H”形细沟。额端 4 齿，前侧缘 9 齿。螯足强大，掌部肿胀。末对足扁平，适于游泳。本种与锯缘青蟹外形相似，区别在于：锯缘青蟹螯足有明显网纹，而本种网纹不明显；锯缘青蟹两眼间头胸甲突出明显，而本种较平。

生态习性：栖息于温暖而盐度较低的近岸浅海或河口。

地理分布：我国东海、南海。印度 - 西太平洋。

标本采自：洞头灵霓大堤南侧。

74. 日本蟳

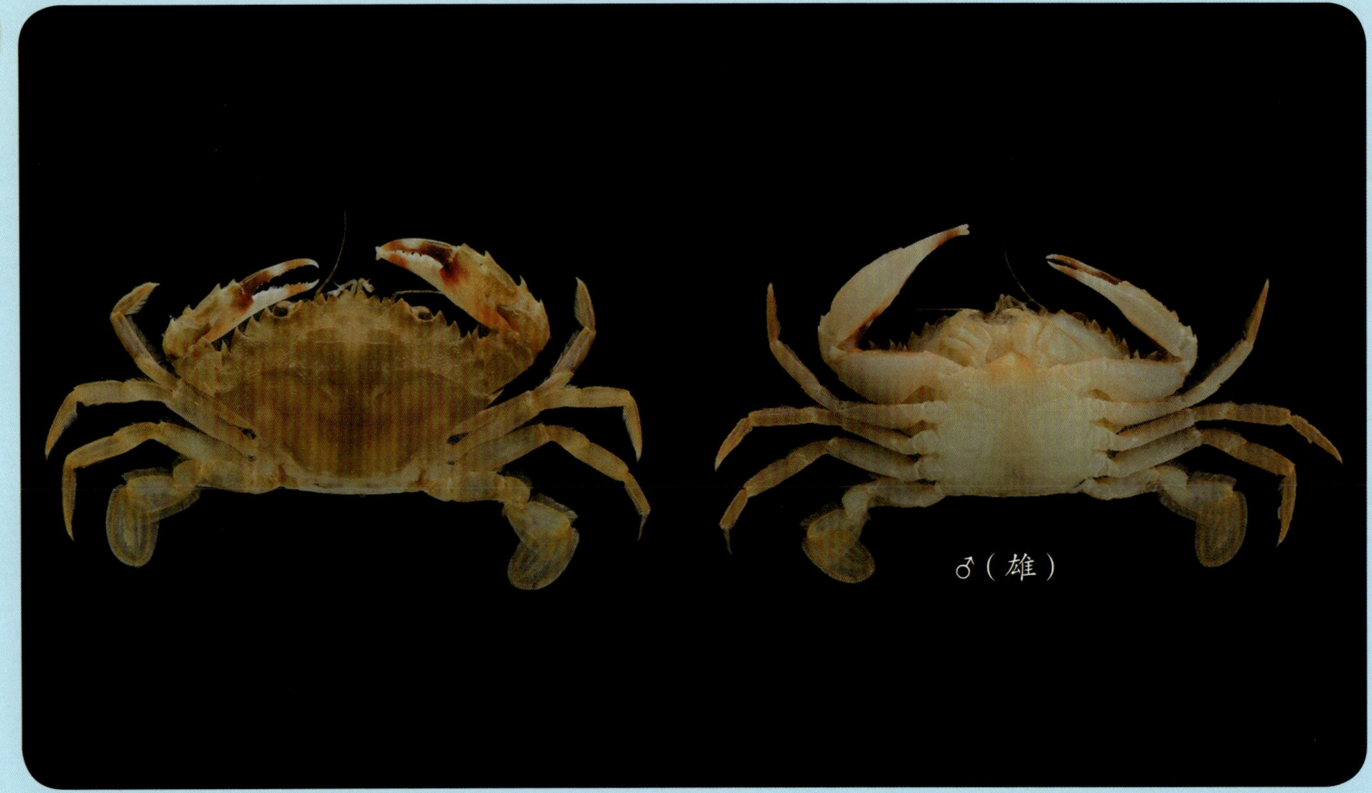

▲解 雷 摄

学　　名： *Charybdis* (*Charybdis*) *japonica* (A. Milne-Edwards, 1861)

分类地位： 节肢动物门 Arthropoda

软甲纲 Malacostraca

十足目 Decapoda

梭子蟹科 Portunidae

蟳属 *Charybdis*

形态特征： 头胸甲横卵圆形，约长 65 mm，表面稍隆起，幼小个体密具绒毛，而成体光滑无毛。额端 6 齿，前侧缘也 6 齿。螯足强大，左右不对称，指节相间有棕黑色和白色斑纹，掌节背面 5 齿。步足各节具毛，末对足扁平。

生态习性： 栖息于低潮区至浅海区泥沙质、砾石质海底。

地理分布： 我国各海域。日本。朝鲜。

标本采自： 瓯江口。

75. 四齿大额蟹

▲解 雷 摄

学　　名：*Metopograpsus quadridentatus* Stimpson, 1858

分类地位：节肢动物门 Arthropoda

软甲纲 Malacostraca

十足目 Decapoda

方蟹科 Grapsidae

大额蟹属 *Metopograpsus*

形态特征：头胸甲近方形，前部稍宽，约长 20 mm。甲面较平滑，两侧有皱纹，分区不明显。额宽大，额缘较平直，额头甲面分 4 叶，上有横向皱纹。眼窝外缘尖锐如刺，腹缘内侧有细锯齿。螯足不对称，但差异不大，腕节背面有皱襞，长节腹面两侧有锯齿。步足扁平，长节有横纹，末 3 节遍布长刚毛。

生态习性：栖居于潮间带岩石缝中或石块下。

地理分布：我国山东以南沿海。马六甲。爪哇。加里曼丹。新几内亚。印度洋。

标本采自：洞头灵霓大堤北侧。

76. 无齿螳臂相手蟹

▲解　雷　张永普　摄

学　　名： *Orisarma dehaani* (H. Milne-Edwards, 1853)

分类地位： 节肢动物门 Arthropoda
软甲纲 Malacostraca
十足目 Decapoda
相手蟹科 Sesarminae
螳臂相手蟹属 *Chiromantes*

形态特征： 头胸甲方形，约长 32 mm，分区明显，腮区有数道皱纹。额宽大，额缘中部内凹，额后突出有 4 叶。眼窝外缘呈三角形，背缘光滑。螯足指节、掌部、腕节背面均有细微颗粒。步足长节背面有细微颗粒，末 3 节密布长短不一刚毛。

生态习性： 栖息于沿海滩涂或河流泥岸。

地理分布： 我国沿海。朝鲜。日本。

标本采自： 鹿城山福，永嘉瓯北。

77. 红螯螳臂相手蟹

▲ 杜珉逸　解　雷　摄

学　　名： *Chiromantes haematocheir* (de Haan, 1833)

分类地位： 节肢动物门 Arthropoda

软甲纲 Malacostraca

十足目 Decapoda

相手蟹科 Sesarminae

螳臂相手蟹属 *Chiromantes*

形态特征： 头胸甲方形，约长 30 mm，表面光滑。甲中央胃、心区之间有“H”形细沟，鳃区前半隆起，后半有斜向皱纹。额宽大，额缘较平直，额后两侧有显著隆起，中间形成细沟。眼窝外缘呈三角形，较尖锐。螯足红色，掌部宽，内侧面具有颗粒。步足较扁平，末 3 节遍布黑色长刚毛。

生态习性： 栖息于近海淡水河流的泥岸上或沼泽，常爬于草杆、树干上。

地理分布： 我国山东以南沿海。朝鲜。日本。新加坡。

标本采自： 鹿城山福，永嘉三江。

78. 小相手蟹

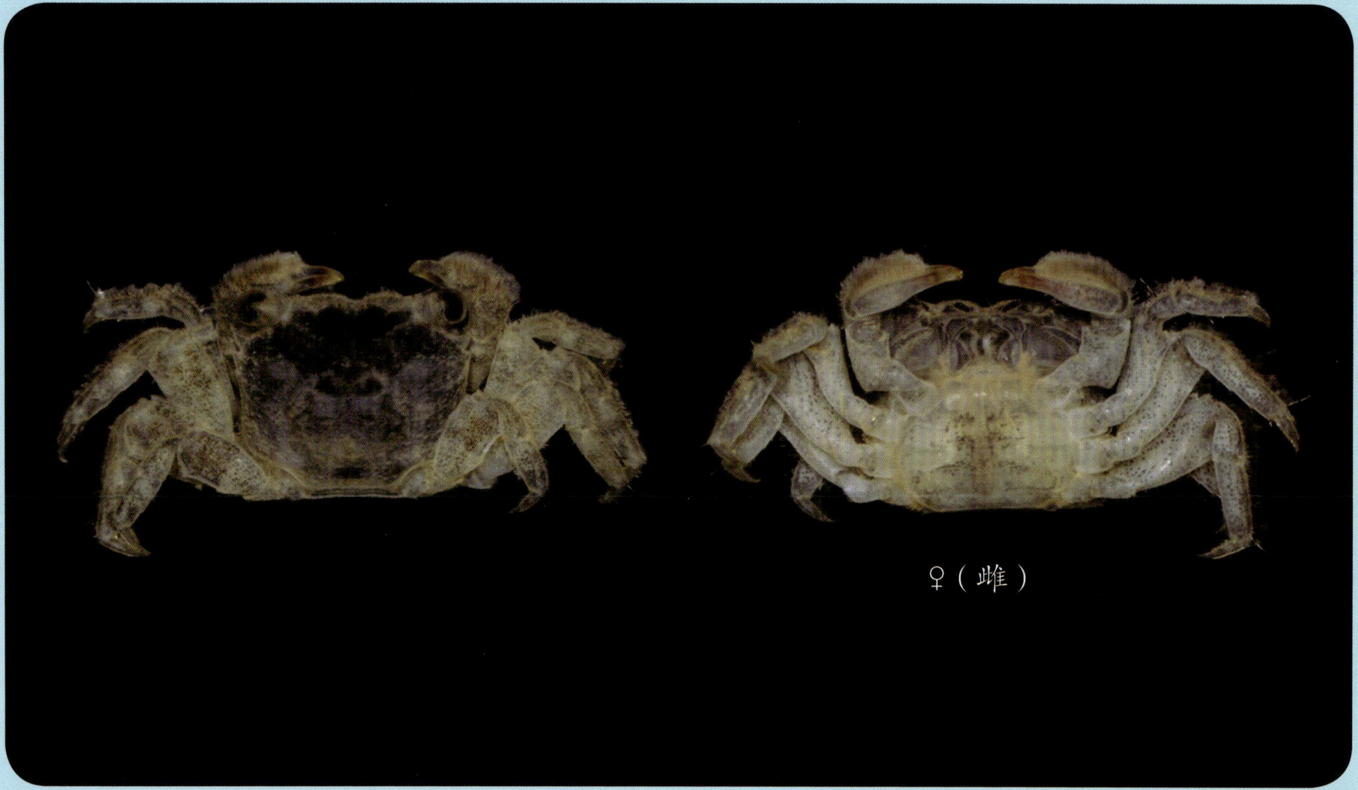

▲ 张永普　摄

学　　名： *Nanosesarma minutum* (de Man, 1887)

分类地位： 节肢动物门 Arthropoda

软甲纲 Malacostraca

十足目 Decapoda

相手蟹科 Sesarmidae

小相手蟹属 *Nanosesarma*

形态特征： 头胸甲方形，约长 6 mm，表面密覆绒毛，分区较明显。额宽大，额缘中部向内凹，额后有 1 对突出的隆脊。眼窝外缘呈三角形，背缘有微细颗粒。螯足左右相等，可动指基部与掌部背面密布短毛。步足遍布短毛，长节宽扁，前缘锋锐。

生态习性： 栖息于中、低潮区岩石旁。

地理分布： 我国沿海。日本。印度尼西亚。新加坡。泰国。印度。马达加斯加。

标本采自： 瓯江口。

79. 伍氏拟厚蟹

▲ 张永普　摄

学　　名：*Helicana wuana* (Rathbun, 1931)

分类地位：节肢动物门 Arthropoda

软甲纲 Malacostraca

十足目 Decapoda

弓蟹科 Varunidae

拟厚蟹属 *Helicana*

形态特征：头胸甲近方形，稍宽，体厚，约长 16 mm，甲面遍布凹点。额稍弯，额缘中部内凹。眼窝外缘连同头胸甲前侧缘共具 4 齿，前 3 齿大，第 4 齿仅为痕迹。螯足掌部背缘隆脊不锋利。前 3 对步足腕节及前节前面有较多长刚毛，但第 4 对步足刚毛较少。

生活习性：栖息于潮间带中潮区泥滩。

地理分布：我国山东至福建沿海。朝鲜。日本。

标本采自：瓯江口。

80. 天津厚蟹

▲ 张永普　陈志俭　摄

学　　名： *Helice tientsinensis* Rathbun, 1931

分类地位： 节肢动物门 Arthropoda

软甲纲 Malacostraca

十足目 Decapoda

弓蟹科 Varunidae

厚蟹属 *Helice*

形态特征： 头胸甲方形，体厚，约长 25 mm，甲面隆起，遍布细凹点，各分区之间有细沟。额向下弯，额缘中部内凹。眼窝外缘连同头胸甲前侧缘共具 4 齿，第 1、2 齿大，第 3 齿小，第 4 齿仅为痕迹。雄蟹螯足大于雌蟹螯足，掌部背缘有锋利隆脊。步足绒毛稀少。

生态习性： 栖息于河流河口及咸淡水区域的泥滩。

地理分布： 我国沿海。朝鲜。

标本采自： 洞头灵霓大堤北侧。

81. 长足长方蟹

▲解 雷 摄

学　　名： *Metaplax longipes* Stimpson, 1858

分类地位： 节肢动物门 Arthropoda

软甲纲 Malacostraca

十足目 Decapoda

弓蟹科 Varunidae

长方蟹属 *Metaplax*

形态特征： 头胸甲横长方形，约长 13 mm，甲中央胃、心区有“H”形细沟，两侧鳃区有 2 条横沟。额稍宽，额缘中部稍凹，额后有纵沟。眼窝外缘连同头胸甲前侧缘共具 5 齿，前 3 齿明显，末 2 齿仅为痕迹。螯足强大，腕部、掌节光滑，长节背腹缘有锯齿。步足细长，第 2、3 对步足腕节、前节遍布短毛，第 1、4 对步足毛较少。

生态习性： 栖息于潮间带中潮区的泥滩。

地理分布： 我国浙江至广东沿海。

标本采自： 瓯江口。

82. 中华绒螯蟹

▲解 雷 摄

学　　名： *Eriocheir sinensis* H. Milne-Edwards, 1853

分类地位： 节肢动物门 Arthropoda

软甲纲 Malacostraca

十足目 Decapoda

弓蟹科 Varunidae

绒螯蟹属 *Eriocheir*

形态特征： 头胸甲较圆，约长 59 mm，表面隆起，胃、心区分界明显。额较宽，额缘 4 齿。眼窝外缘连同头胸甲前侧缘共具 4 齿，前 3 齿大，第 4 齿仅为痕迹。螯足指节基部与掌节密布绒毛。步足较扁平，腕节和前节的背缘具毛，第 4 对步足前节与指节背、腹缘亦具毛。

生态习性： 栖息于江、河、湖泊泥岸，秋季洄游到近海河口。

地理分布： 我国沿海及通海的江、河、湖泊。朝鲜西岸。欧洲北岸。

标本采自： 鹿城山福，永嘉沙头。

83. 狭颚新绒螯蟹

▲ 解 雷 摄

学　　名： *Neoeriocheir leptognathus* Rathbun, 1913

分类地位： 节肢动物门 Arthropoda

软甲纲 Malacostraca

十足目 Decapoda

弓蟹科 Varunidae

新绒螯蟹属 *Neoeriocheir*

形态特征： 头胸甲较圆，约长 20 mm，表面平滑具小凹点。额窄，额缘具不明显的 4 齿。眼窝外缘连同头胸甲前侧缘共具 3 齿，前 2 齿大，第 3 齿小。雄蟹螯足大于雌蟹螯足，指节基部与掌部内侧面密布绒毛。步足细长，前后缘均具长刚毛。

生态习性： 栖息于近海河口的泥滩。

地理分布： 我国沿海。朝鲜西岸。

标本采自： 鹿城山福，永嘉沙头，龙湾树排沙岛。

84. 字纹弓蟹

▲解 雷 摄

学　　名： *Varuna litterata* (Fabricius, 1798)

分类地位： 节肢动物门 Arthropoda

软甲纲 Malacostraca

十足目 Decapoda

弓蟹科 Varunidae

弓蟹属 *Varuna*

形态特征： 头胸甲较圆，略宽，约长 29 mm，整体扁平，表面平滑具小凹点，甲中央胃、心区有“H”形细沟。额较宽，额缘较平直，中央略凹陷。眼窝外缘连同头胸甲前侧缘共具 3 齿，前 2 齿大，第 3 齿小。雄蟹螯足大于雌蟹螯足，左右对称，腕节内角有 1 锐刺，长节内缘有锯齿。步足长节前缘均有 1 锐刺，前节、指节前后缘密布细毛。

生态习性： 栖息于河口咸淡水区域。

地理分布： 我国浙江至广东沿海。日本。新加坡。泰国。印度。马达加斯加。非洲东岸。

标本采自： 鹿城山福，永嘉沙头，龙湾树排沙岛。

85. 宁波泥蟹

▲张永普 摄

学　　名：*Ilyoplax ningpoensis* Shen, 1940

分类地位：节肢动物门 Arthropoda

软甲纲 Malacostraca

十足目 Decapoda

毛带蟹科 Dotillidae

泥蟹属 *Ilyoplax*

形态特征：头胸甲近矩形，约长 10 mm，腮区有分散的颗粒，颗粒顶端具刚毛。额缘窄，无齿，两侧凹进为眼窝，眼柄较长。甲侧缘具短毛。雄蟹螯壮大，雌蟹螯弱小，差异明显。前 3 对步足具短毛，末对足光滑。雄蟹腹部第 5 节束腰。

生态习性：栖居于潮间带泥沙滩上。

地理分布：我国东海。

标本采自：鹿城丰门，永嘉沙、三江，龙湾树排沙岛。

86. 绒毛大眼蟹

▲解 雷 摄

学　　名：*Macrophthalmus* (*Mareotis*) *tomentosus* Eydoux *et* Souleyet, 1842

分类地位：节肢动物门 Arthropoda

软甲纲 Malacostraca

十足目 Decapoda

大眼蟹科 Macrophthalmidae

大眼蟹属 *Macrophthalmus*

形态特征：头胸甲近矩形，约长 23 m，呈土黄色，表面遍布颗粒及软毛。甲面分区明显，胃区、心区两侧有纵沟，腮区有横沟。额缘窄，中部有纵沟，无齿，两侧凹进为眼窝，眼柄细长。螯足较细长，左右对称，雄螯大于雌螯，长节遍布绒毛，掌节外侧光滑、内侧末端有少量绒毛，不动指中段有大粗齿，可动指末端略向上翘。第 2、3 步足粗壮，第 4 步足短小。各步足均具短毛。

生态习性：栖息于近海潮间带或河口处的泥沙滩上。

地理分布：我国浙江、福建、台湾。新喀里多尼亚。菲律宾。丹老群岛。

标本采自：瓯江口。

87. 弧边招潮

▲解 雷 张永普 摄

学　　名：*Uca arcuata* (de Haan, 1853)

分类地位：节肢动物门 Arthropoda

软甲纲 Malacostraca

十足目 Decapoda

沙蟹科 Ocypodidae

招潮属 *Uca*

形态特征：头胸甲菱角形，前宽后窄，约长 22 mm。甲面光滑，具棕色花纹，中部与侧鳃区之间有浅沟。额缘窄，眼窝较深，眼柄细长。雄蟹螯足差异极大，大螯极大，腕节与掌部遍布颗粒，小螯小，无颗粒。雌蟹螯足对称，与雄蟹小螯近似。

生态习性：栖息于高、中潮泥滩。

地理分布：我国山东以南沿海。朝鲜。日本。澳大利亚。新喀里多尼亚。新加坡。加里曼丹岛。菲律宾群岛。

标本采自：永嘉瓯北，龙湾树排沙岛。

88. 浙江华溪蟹

▲ 陈志俭　摄

学　　名： *Sinopotamon chekiangense* Tai *et* Song, 1975

分类地位： 节肢动物门 Arthropoda

软甲纲 Malacostraca

十足目 Decapoda

溪蟹科 Potamidae

华溪蟹属 *Sinopotamon*

形态特征： 头胸甲近方形，前部稍宽，约长 22 mm，表面具小凹点。甲中央胃、心区有“H”形细沟。额稍向下弯，后叶隆起。前侧缘有锯齿 10 ～ 14 个。螯足稍不对称，腕节背面有细皱襞，长节背缘有细锯齿。步足扁平，各节前缘具短刚毛。

生态习性： 栖息于山溪石块下。

地理分布： 浙江、福建。

标本采自： 永嘉。

参考文献

蔡如星，1991. 浙江动物志 软体动物 [M]. 杭州：浙江科学技术出版社 .

戴爱云，杨思谅，宋玉枝，等，1986. 中国海洋蟹类 [M]. 北京：海洋出版社 .

戴爱云，1998. 中国动物志 无脊椎动物 第十七卷 节肢动物门 软甲纲 十足目 束腹蟹科 溪蟹科 [M]. 北京：科学出版社 .

杜丽娜，杨君兴，2023. 中国黑螺原色图鉴 [M]. 郑州：河南科学技术出版社 .

郭亮，2022. 河蚌 [M]. 福州：海峡书局 .

何径，2022. 贝克家谱：一个软体动物门分类系统 [M]. 重庆：重庆大学出版社 .

黄宗国，林茂，2012. 中国海洋生物图集 第四册 [M]. 北京：海洋出版社 .

黄宗国，林茂，2012. 中国海洋生物图集 第五册 [M]. 北京：海洋出版社 .

黄宗国，林茂，2012. 中国海洋生物图集 第六册 [M]. 北京：海洋出版社 .

黄宗国，林茂，2012. 中国海洋物种多样性 [M]. 北京：海洋出版社 .

李琪，2019. 中国近海软体动物图志 [M]. 北京：科学出版社 .

李新正，甘志彬，2022. 中国近海底栖动物常见种名录 [M]. 北京：科学出版社 .

李新正，甘志彬，2022. 中国近海底栖动物分类体系 [M]. 北京：科学出版社 .

李新正，刘瑞玉，梁象秋，等，2007. 中国动物志 无脊椎动物 第四十四卷 节肢动物门 甲壳动物亚门 十足目 长臂虾总科 [M]. 北京：科学出版社 .

林光宇，1997. 中国动物志 无脊椎动物 第十一卷 软体动物门 腹足纲 后鳃亚纲 头楯目 [M]. 北京：科学出版社 .

林龙山，张静，宋普庆，等，2013. 东山湾及其邻近海域常见游泳动物 [M]. 北京：海洋出版社 .

刘瑞玉，2008. 中国海洋生物名录 [M]. 北京：科学出版社 .

刘文亮，严莹，2018. 常见海滨动物野外识别手册 [M]. 重庆：重庆大学出版社 .

刘亚林，蒋晓山，邹清，等，2018. 温州海域常见海洋生物图谱 [M]. 北京：海洋出版社 .

宋海棠，俞存根，薛利建，等，2006. 东海经济虾蟹类 [M]. 北京：海洋出版社 .

孙瑞平，杨德渐，2004. 中国动物志 无脊椎动物 第三十三卷 环节动物门 多毛纲（二）沙蚕目 [M]. 北京：科学出版社 .

孙瑞平，杨德渐，2014. 中国动物志 无脊椎动物 第五十四卷 环节动物门 多毛纲（三）缨鳃虫目 [M]. 北京：科学出版社 .

王航俊，邹清，姚炜民，2023. 南麂列岛国家级海洋自然保护区海洋生物图谱 [M]. 北京：地质出版社 .
王桢瑞，1997. 中国动物志 无脊椎动物 第十二卷 软体动物门 双壳纲 贻贝目 [M]. 北京：科学出版社 .
魏崇德，1991. 浙江动物志 甲壳动物 [M]. 杭州：浙江科学技术出版社 .
吴宝玲，吴启泉，丘建文，等，1997. 中国动物志 无脊椎动物 第九卷 环节动物门 多毛纲（一）叶须虫目 [M]. 北京：科学出版社 .
徐凤山，张素萍，2008. 中国海产双壳类图志 [M]. 北京：科学出版社 .
杨德渐，孙瑞平，1988. 中国近海多毛环节动物 [M]. 北京：农业出版社 .
张素萍，张均龙，陈志云，等，2016. 黄渤海软体动物图志 [M]. 北京：科学出版社 .
张素萍，2008. 中国海洋贝类图鉴 [M]. 北京：海洋出版社 .
张永普，李昌达，周化斌，等，2020. 南北爿山保护区动植物资源 [M]. 杭州：浙江科学技术出版社 .
张永普，周化斌，尤仲杰，等，2012. 浙江洞头海产贝类图志 [M]. 北京：海洋出版社 .
郑小东，曲学存，曾晓起，等，2013. 中国水生贝类图谱 [M]. 青岛：青岛出版社 .
庄启谦，2001. 中国动物志 无脊椎动物 第二十四卷 软体动物门 双壳纲 帘蛤科 [M]. 北京：科学出版社 .
Xu M Z，2015. Distribution and Spread of Limnoperna fortunei in China [J]. Invading Nature-Springer Series in Invasion Eoology，10：313-320.